南海北部海域重要鱼类种群数值生物学

李永振　舒黎明　陈国宝　于　杰　黄梓荣　等著

海洋出版社

2019年·北京

内容简介

《南海北部海域重要鱼类种群数值生物学》是一部以数值和图示形式描述南海北部海域重要鱼类、头足类和甲壳类等渔业种群特征的生物学专著。全书收集了52种在经济或生态上有代表性的种类，简明列举了其分类、分布与生活习性，依次给出了长度重量关系、生长方程、死亡率与开发率、单位补充量渔获量方程和首次性成熟年龄与开捕年龄等相关生物学参数和重要捕捞参数数值的分析结果，内容丰富，格式简洁，实用性强，是一部专门为广大渔业科技人员和管理人员撰写的参考书籍。全书依据分类系统按种编排，并在附录介绍了种群参数的获取途径。

本书也可供水产院校有关师生等参考。

图书在版编目(CIP)数据

南海北部海域重要鱼类种群数值生物学 / 李永振等
著. — 北京：海洋出版社，2019.7
 ISBN 978-7-5210-0380-2

Ⅰ.①南… Ⅱ.①李… Ⅲ.①南海－鱼类－种群数量－水生生物学－研究 Ⅳ.①Q959.408

中国版本图书馆CIP数据核字(2019)第128047号

责任编辑：杨　明
责任印制：赵麟苏

海洋出版社 出版发行
http://www.oceanpress.com.cn
北京市海淀区大慧寺路8号　邮编：100081
北京朝阳印刷厂有限责任公司印刷　新华书店北京发行所经销
2019年7月第1版　2019年7月第1次印刷
开本：787mm×1092mm　1/16　印张：12.25
字数：268千字　定价：66.00元
发行部：62132549　邮购部：68038093　总编室：62114335
海洋版图书印、装错误可随时退换

《南海北部海域重要鱼类种群数值生物学》编委会

主　任：李永振

副主任：舒黎明

编　委：(按姓氏笔划排序)

于　杰　王学锋　王新星　史赟荣

乔延龙　李永振　陈国宝　袁蔚文

黄梓荣　崔　科　梁沛文　舒黎明

序

渔业生物学以渔业资源种类的种群为对象单元，主要研究繁殖、摄食、生长、死亡、补充、洄游分布和数量变动及其与海洋环境和人类捕捞的关系，是渔业资源开发利用、增殖养护和可持续利用的基础。

南海北部是我国近海渔业的传统渔场，海域面积广阔，环境复杂，渔业生物多样性高，资源丰富。该海域渔业资源调查始于上世纪60年代初期，先后进行了陆架近海、外海和大陆斜坡调查，80年代后期开始开展了珠江口、北部湾和沿岸海岛周围等重点海域调查，90年代后期又开始进行了几次规模不等的陆架近海调查。在此基础上，报道过一些经济种类的生物学参数分析结果，为国家制定伏季休渔制度和最小网目尺寸等提供了科学依据和技术支撑。

为了充分地利用资料积累，更加全面地掌握南海北部渔业资源种类的生物学特性，作者十多年前即开始系统地对南海渔业资源的历史调查数据进行潜心收集、过滤，并结合当时的在研项目对一些种群的数据进行必要的补充完善，最终选定了在经济或生态上较有代表性的鱼类、头足类和甲壳类等52种进行分析研究，编撰成书，工作具有很大的挑战性，付出了艰辛的劳动。

作者摒弃了文字平铺直叙，每个种类在简明地列举了分类、分布与生活习性之后，直接以表格和绘图的形式依次给出了长度重量关系、生长方程、死亡率与开发率、单位补充量渔获量方程和首次性成熟年龄与开捕年龄等相关生物学参数和重要捕捞参数数值的分析结果，格式简洁明快，同时，作者也未加任何评述，既避免了文字冗余，又减少了主观性。全书涵盖了渔业生物学的主要方面，丰富了南海渔业生物学研究。书名冠以种群数值生物学，内容名副其实。

为了遏制近海渔业资源持续衰退的局面，促进渔业可持续发展，近年来我国渔业转方式调结构，改革完善了渔船"双控"制度和伏季休渔制度，并于2017年开始实施海洋渔业资源总量管理制度，标志着我国渔业进入了新的历史时期。海洋渔业资源总量管理制度的实施，需要大量细致的前期科研工作作为基础，该书的出版不仅恰逢其时，同时也为广大渔业科技人员、水产院校师生和渔业管理人员提供了很有价值的参考。

值此专著出版之际，谨向全体作者和参编人员表示祝贺，并向广大读者予以推荐。

中国水产科学研究院南海水产研究所原所长
中国水产学会理事长
2017年11月

前　言

南海北部海域(指17°N线以北)地处热带、亚热带，是我国重要的渔业产区，记录鱼类约1 100种，目前每年的捕捞产量达300万吨。自然地理条件决定了该海域鱼类区系属印度—西太平洋热带区系，鱼类具有个体小、性成熟早、产卵期长、寿命短、种群个体数量少、多数不做长距离洄游以及群落多样性高、分类多样性低等特点。

南海北部海域渔业资源状况与捕捞渔船数量密切相关。上世纪80-90年代，我国农村经济体制改革解体了国有渔业公司和集体渔业公社，渔船数量盲目增长，到本世纪初期，捕捞渔船保有量达到8万艘、总功率350万千瓦。同时，由于管理水平跟不上，我国沿岸渔业权制度缺失，商业渔业和生计渔业竞相混同发展，作业区域布局和作业结构不合理，加上沿岸海洋环境污染及其他一些原因，导致典型的渔业"公地悲剧"上演，造成渔业资源明显衰退，主要表现在：①种群数量明显衰减，渔获量和单位捕捞努力量渔获量大幅度降低；②种群结构显著改变，渔获组成中幼鱼特别是当年鱼比重占绝对优势，高龄鱼减少或消失；③群落结构明显变化，渔获物中低值种类比重增加，传统优质渔获比重下降；④传统经济鱼类渔汛不景气甚至消失，重要海域名贵经济种类的数量明显减少或消失；⑤鱼类赖以生存的渔场环境遭到严重破坏，局部海域出现荒漠化现象。

为了遏制渔业资源衰退，我国于1987年开始实施国内海洋捕捞渔船船数和功率总量控制即"双控制度"，1995年起实施海洋伏季休渔制度(南海从1999年开始)，1999年推行海洋捕捞产量零增长(2002年改为负增长)，2014年6月实施海洋捕捞准用渔具和过渡渔具最小网目尺寸制度。2017年，国家又出台了海洋渔业捕捞总量管理制度，标志着我国海洋渔业资源的科学化管理迈出了实质性步伐。

种群是一定自然区域内同种生物个体的集合，是物种遗传和进化的基本单位。鱼类生物学是渔业资源管理的科学基础，鱼类种群是渔业资源管理的基本单位，资源评估、捕捞、放流和增殖等均以种群为单元。虽然南海鱼类资源和渔业的特点决定了目前按种群管理还存在诸多困难，但种群生物学仍然是南海多种类渔业资源管理的必备基础。种群参数指种群特征的统计学指标，是实施渔业资源管理特别是限额捕捞的科学依据。本书所称的种群数值生物学即指种群参数，也包括人类捕捞作用下的开捕年龄t_c和开捕长度L_c、捕捞死亡系数F以及开发率E等。

近年来，随着分子生物学技术在渔业资源研究中的运用，有力地推动了南海北部鱼类种群归属的判别分析，陆续报道了多齿蛇鲻(*Saurida tumbil*)、黄鳍马面鲀(*Thamnaconus hypargyreus*)、金线鱼属(*Nemipterus*)和短尾大眼鲷(*Priacanthus macracanthus*)等一批重要经济鱼类的种群判别结果，确定这些鱼类分布于南海北部

不同海域的群体，均各自构成同一个种群，这为开展渔业资源种群生物学特征的数值分析奠定了坚实基础。

有关南海北部鱼类种群参数，过去（特别是2000年以后）报道过一些种类，主要包括鲥（*Ilisha elongate*）、多齿蛇鲻、花斑蛇鲻（*Saurida undosquamis*）、二长棘犁齿鲷（*Evynnis cardinalis*）、深水金线鱼（*Nemipterus bathybius*）、棘头梅童鱼（*Collichthys lucidus*）、白姑鱼（*Pennahia argentata*）、银鲳（*Pampus argenteus*）和其他一些种类，但种类数量较少，种群参数不全。

本书从2005年着手构思到2017年付梓，历经十余年，期间遇到的最大障碍就是因渔业资源历史调查的不全面、不系统而出现的种群生物学基础数据缺失或不完整，导致获得的不同种类的种群参数个数出现很大差异，给成书带来困难。因此，后期耗费大量时间结合当时在研的省部级课题的外业调查对一些重要种类的数据进行补充采集。在历史资料收集、现场数据采集的基础上，录入数据建立种群基础生物学数据库，再经过电脑编程筛选和预处理之后，利用FAO的FISAT等软件包开展种群参数的统计分析。

尽管在基础生物学数据采集和收集方面做出了巨大努力，但仍然难以涵盖南海北部常见经济鱼种和具有重要生态价值的鱼类，不少种类本应被收录到书中来，但因为基础数据不全，获取的种群参数寥寥无几而未能纳入。本书最终收入了46种鱼类，依据Nelson分类系统，隶属于鲱形目（CLUPEIFORMES）、仙女鱼目（AULOPIFORMES）、鳕形目（GADIFORMES）、鲻形目（MUGILIFORMES）、鲈形目（PERCIFORMES）、鲀形目（TETRAODONTIFORMES）和棘鱼目（GASTEROSTEIFORMES）的21科36属，另外还收入了火枪乌贼（*Loligo beka*）、剑尖枪乌贼（*Loligo edulis*）、中国枪乌贼（*Loligo chinensis*）和杜氏枪乌贼（*Loligo duvaucelii*）等4种枪形目（TEUTHOIDEA）枪乌贼科（Loliginidae）的头足类，以及周氏新对虾（*Metapenaeus joyneri*）和脊尾白虾（*Exopalaemon carinicauda*）等2种十足目（DECAPODA）的甲壳类，而书名仍以鱼类冠之。其中个别种群参数数值取自已经发表的文献，均注明了出处。

本书的最终出版，凝聚了许多人的付出。于杰、黄梓荣、舒黎明等在现场和实验室数据采集方面付出了辛苦劳动，陈国宝在历史数据收集、筛选和录入建库方面做了大量工作，当时好几位在读研究生在数据采集和录入工作中也付出了辛勤汗水，李永振在数据录入和预处理的电脑编程方面花费了时间。书稿由李永振拟订撰写提纲，在组稿过程中，陈国宝对种群参数获取进行了先期探索，后来舒黎明完成参数统计和初稿。书中绝大多数种类的照片由梁沛文慷慨提供，均为梁教授亲自拍摄和处理；有些种类的照片以及全部耳石和鳞片照片由舒黎明拍摄，其余照片由陈作志、李娜、黄梓荣和史赟荣等提供。全书经袁蔚文审阅，最终由李永振修改并定稿。

由于作者水平和能力所限，书中不足之处，敬请读者批评指正。

作　者

2017年6月于广州

目 录

1 凤鲚 *Coilia mystus* (Linnaeus, 1878) ·· 1
2 康氏侧带小公鱼 *Stolephorus commersonnii* Lacepède, 1803 ··············· 4
3 赤鼻棱鳀 *Thryssa kammalensis* (Bleeker, 1849) ··································· 7
4 黄吻棱鳀 *Thryssa vitrirostris* (Gilchrist & Thompson, 1908) ············· 10
5 鲥 *Ilisha elongata* (Bennett, 1830) ·· 13
6 斑鰶 *Konosirus punctatus* (Temminck & Schlegel, 1846) ··················· 17
7 金色小沙丁鱼 *Sardinella aurita* Valenciennes, 1847 ·························· 20
8 龙头鱼 *Harpadon nehereus* (Hamilton, 1822) ····································· 22
9 长蛇鲻 *Saurida elongata* (Temminck & Schlegel, 1846) ····················· 25
10 多齿蛇鲻 *Saurida tumbil* (Bloch, 1795) ··· 29
11 花斑蛇鲻 *Saurida undosquamis* (Richardson, 1848) ·························· 34
12 大头狗母鱼 *Synodus myops* (Forster, 1801) ······································ 39
13 麦氏犀鳕 *Bregmaceros mcclellandi* Thompson, 1840 ························ 43
14 黄鲻 *Ellochelon vaigiensis* (Quoy & Gaimard, 1825) ························· 46
15 前鳞骨鲻 *Osteomugil ophuyseni* (Bleeker, 1858-1859) ······················ 49
16 尖海龙 *Syngnathus acus* Linnaeus, 1758 ·· 52
17 眶棘双边鱼 *Ambassis gymnocephalus* (Lacepède, 1802) ···················· 55
18 短尾大眼鲷 *Priacanthus macracanthus* Cuvier, 1829 ·························· 58
19 长尾大眼鲷 *Priacanthus tayenus* Richardson, 1846 ···························· 62
20 及达副叶鲹 *Alepes djedaba* (Forsskål, 1775) ····································· 66
21 颌圆鲹 *Decapterus lajang* Bleeker, 1855 ·· 70
22 蓝圆鲹 *Decapterus maruadsi* (Temminck & Schlegel, 1844) ··············· 74
23 乌鲳 *Parastromateus niger* (Bloch, 1795) ·· 79
24 竹荚鱼 *Trachurus japonicus* (Temminck & Schlegel, 1844) ··············· 82
25 二长棘犁齿鲷 *Evynnis cardinalis* (Lacepède, 1802) ··························· 87

26	深水金线鱼 *Nemipterus bathybius* Snyder, 1911	92
27	日本金线鱼 *Nemipterus japonicus* (Bloch, 1791)	96
28	金线鱼 *Nemipterus virgatus* (Houttuyn, 1782)	100
29	棘头梅童鱼 *Collichthys lucidus* (Richardson, 1844)	105
30	杜氏叫姑鱼 *Johnius dussumieri* (Cuvier, 1830)	109
31	白姑鱼 *Pennahia argentata* (Houttuyn, 1782)	111
32	日本绯鲤 *Upeneus japonicus* (Houttuyn, 1782)	113
33	黄带绯鲤 *Upeneus sulphureus* Cuvier, 1829	118
34	长鳍蓝子鱼 *Siganus canaliculatus* (Park, 1797)	120
35	小带鱼 *Eupleurogrammus muticus* (Gray, 1831)	123
36	沙带鱼 *Lepturacanthus savala* (Cuvier, 1829)	126
37	短带鱼 *Trichiurus brevis* Wang & You, 1992	129
38	高鳍带鱼 *Trichiurus lepturus* Linnaeus, 1758	132
39	鲐 *Scomber japonicus* Houttuyn, 1782	137
40	刺鲳 *Psenopsis anomala* (Temminck & Schlegel, 1844)	139
41	印度无齿鲳 *Ariomma indica* (Day, 1871)	142
42	银鲳 *Pampus argenteus* (Euphrasen, 1788)	144
43	灰鲳 *Pampus cinereus* (Bloch, 1795)	148
44	黄鳍马面鲀 *Thamnaconus hypargyreus* (Cope, 1871)	151
45	棕斑兔头鲀 *Lagocephalus spadiceus* (Richardson, 1845)	155
46	黄鳍东方鲀 *Takifugu xanthopterus* (Temminck & Schlegel, 1850)	159
47	火枪乌贼 *Loligo beka* Sasaki, 1929	162
48	中国枪乌贼 *Loligo chinensis* Gray, 1849	164
49	杜氏枪乌贼 *Loligo duvaucelii* d'Orbigny, 1835	167
50	剑尖枪乌贼 *Loligo edulis* Hoyle, 1885	171
51	周氏新对虾 *Metapenaeus joyneri* (Miers, 1880)	174
52	脊尾白虾 *Exopalaemon carinicauda* (Holthuis, 1950)	176

附录　种群参数的获取途径 178

主要参考文献 182

1　凤鲚 *Coilia mystus* (Linnaeus, 1878)

1.1　分类

分类：鲱形目 CLUPEIFORMES

　　　鳀科 Engraulidae

　　　　鲚属 *Coilia*

英文名：Osbeck's grenadier anchovy

俗称：凤尾鱼，黄鲚，青鲚，子鲚，马鲚，河刀鱼，刀鱼，烤子鱼，白鼻。

图1-1　凤鲚

1.2　分布与生活习性

分布：西太平洋。中国沿海。

生活习性：暖水性。沿岸种类。生活于河口和淡水。

1.3　长度重量关系

表 1-1　长度与重量参数

调查年份	海区	长度范围 SL(mm)	长度重量关系 $W=aL^b$ a	b	备注
1986	珠江口	/	1.693×10^{-4}	2.258	李辉权, 1990
1997–1998	珠江口	41~208	5.255×10^{-6}	2.963	

1.4　生长方程

表 1-2　生长方程参数

调查年份	海区	von Bertalanffy 生长方程参数（长度频率法） SL_∞(mm)	K	t_0(a)	备注
1986	珠江口	210	1.39	−0.12	李辉权, 1990
1997–1998	珠江口	245	0.89	−0.19	

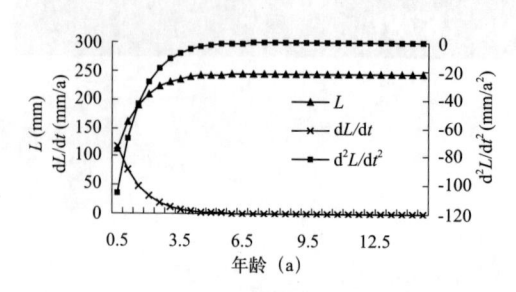

(1997-1998年珠江口调查)
图1-2　长度生长速度和加速度曲线

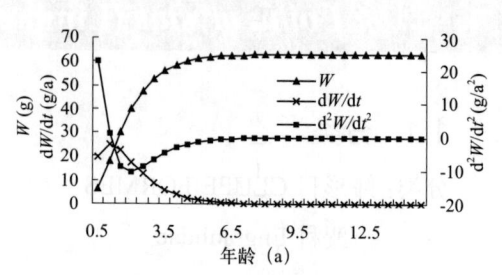

(1997-1998年珠江口调查)
图1-3　重量生长速度和加速度曲线

表1-3　重量生长拐点

调查年份	海区	拐点年龄 (a)	拐点重量 (g)	拐点对应长度 SL(mm)
1986	珠江口	0.73	17	136
1997-1998	珠江口	1.04	19	162

1.5　死亡与开发参数

表1-4　死亡与开发参数

调查年份	海区	M	Z	F	E	SL_{50}(mm)	备注
1986	珠江口	2.24	5.03	2.79	0.55	/	李辉权,1990
1997-1998	珠江口	1.60	5.08	3.48	0.69	118	

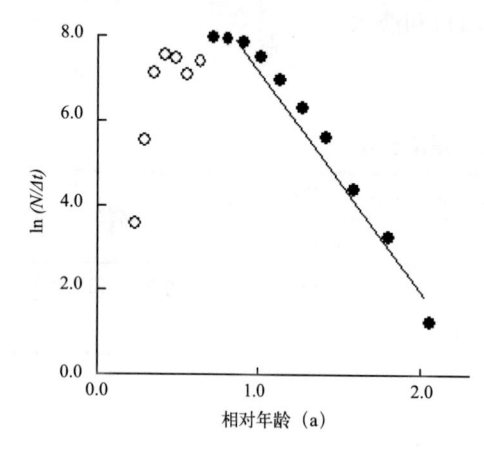

（1997-1998年珠江口调查）
图1-4　长度变换渔获曲线图

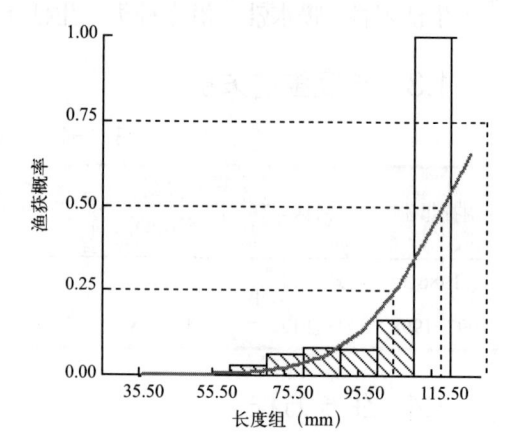

（SL_{25}=105mm，SL_{50}=118mm，SL_{75}=131mm，1997-1998年珠江口调查）
图1-5　渔获概率曲线图

1.6 单位补充量渔获量方程参数

表 1-5 最大年龄 t_λ

实测法 (a)	Taylor 方法 (a)	Alverson 和 Carner 方法 (a)	自然死亡系数法 (a)	综合法 (a)
2.00	3.18	4.41	1.62	3.00

表 1-6 单位补充量渔获量方程相关参数

M	t_r(a)	t_λ(a)	t_0(a)	W_∞(g)	K
1.60	0.071	3.00	−0.19	63	0.89

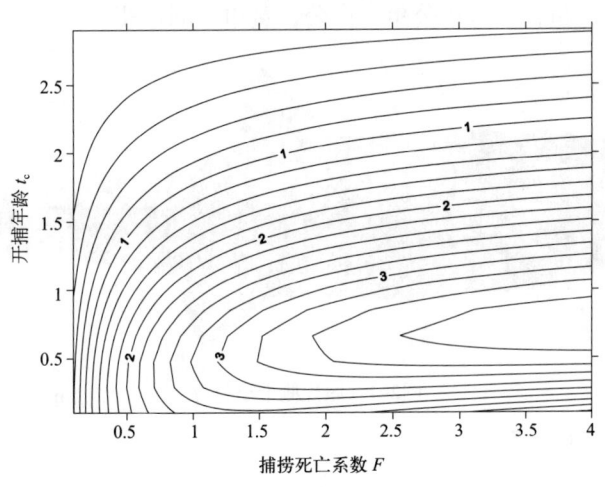

图 1-6 单位补充量等渔获量曲线图

1.7 首次性成熟年龄与开捕年龄

表 1-7 首次性成熟年龄 t_m

Froese 法 (a)	实测法 (a)	综合取值 (a)	综合取值对应长度 SL_m(mm)
0.84	0.57	0.57	120

表 1-8 开捕年龄 t_c

个体性成熟法 (a)	拐点年龄法 (a)	等渔获量曲线法 (a)	综合法 (a)	开捕长度 SL_c(mm)	F 取值
0.57	1.04	0.49~0.70	0.65	128	2.55~6.40

2　康氏侧带小公鱼 *Stolephorus commersonnii* Lacepède, 1803

2.1　分类

分类：鲱形目 CLUPEIFORMES

　　　鳀科 Engraulidae

　　　　　侧带小公鱼属 *Stolephorus*

英文名：Commerson's anchovy

俗称：公鱼，江鱼，江口小公鱼，白公，黄巾，弱棱鳀。

图2-1　康氏侧带小公鱼

2.2　分布与生活习性

分布：印度 - 西太平洋。中国东海、南海及台湾海峡。

生活习性：暖水性。中上层种类。生活于近岸 50 m 以浅咸淡水。

2.3　长度重量关系

表2-1　长度与重量参数

调查年份	海区	长度范围 SL(mm)	长度重量关系 $W=aL^b$ a	b	备注
1986	珠江口	/	1.531×10^{-4}	2.359	李辉权，1990
1997–1998	珠江口	30~98	4.226×10^{-4}	2.140	

2.4　生长方程

表2-2　生长方程参数

调查年份	海区	von Bertalanffy 生长方程参数（长度频率法） SL_∞(mm)	K	t_0(a)	备注
1986	珠江口	134	0.51	−0.39	李辉权，1990
1997–1998	珠江口	103	1.40	−0.15	

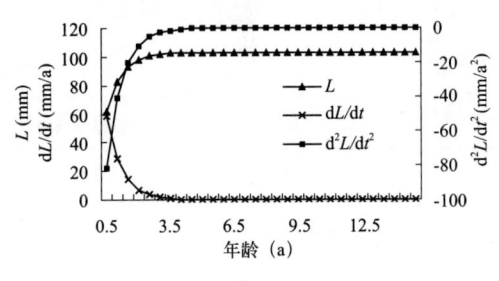

(1997-1998年珠江口调查)
图2-2 长度生长速度和加速度曲线

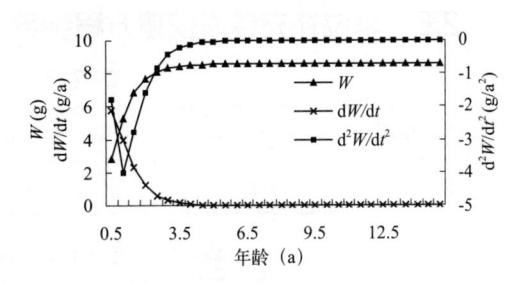

(1997-1998年珠江口调查)
图2-3 重量生长速度和加速度曲线

表2-3 重量生长拐点

调查年份	海区	拐点年龄(a)	拐点重量(g)	拐点对应长度 SL(mm)
1986	珠江口	1.29	6.1	77
1997-1998	珠江口	0.40	3.6	55

2.5 死亡与开发参数

表2-4 死亡与开发参数

调查年份	海区	M	Z	F	E	SL_{50}(mm)	备注
1986	珠江口	1.34	3.02	1.68	0.56	/	李辉权,1990
1997-1998	珠江口	2.70	6.01	3.31	0.55	52	

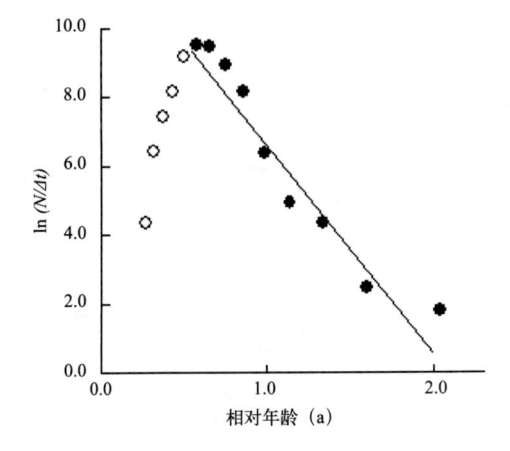

(1997-1998年珠江口调查)
图2-4 长度变换渔获曲线图

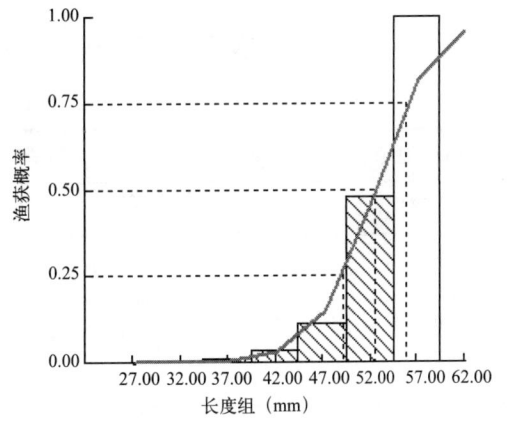

(SL_{25}=49mm, SL_{50}=52mm, SL_{75}=56mm, 1997-1998年珠江口调查)
图2-5 渔获概率曲线图

2.6 单位补充量渔获量方程参数

表 2-5 最大年龄 t_λ

实测法 (a)	Taylor 方法 (a)	Alverson 和 Carner 方法 (a)	自然死亡系数法 (a)	综合法 (a)
2.00	2.00	2.68	0.96	3.00

表 2-6 单位补充量渔获量方程相关参数

M	t_r(a)	t_λ(a)	t_0(a)	W_∞(g)	K
2.70	0.101	3.00	−0.15	8.6	1.40

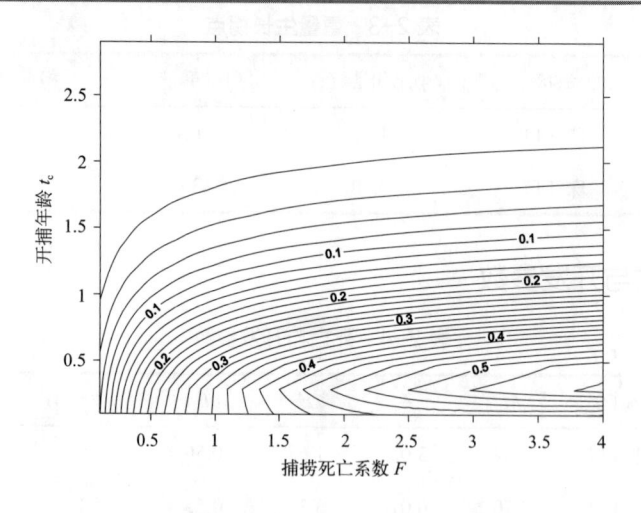

图 2-6 单位补充量等渔获量曲线图

2.7 首次性成熟年龄与开捕年龄

表 2-7 首次性成熟年龄 t_m

Froese 法 (a)	实测法 (a)	综合取值 (a)	综合取值对应长度 SL_m(mm)
0.84	0.57	0.57	65

表 2-8 开捕年龄 t_c

个体性成熟法 (a)	拐点年龄法 (a)	等渔获量曲线法 (a)	综合法 (a)	开捕长度 SL_c(mm)	F 取值
0.57	0.40	0.00~0.12	0.50	61	2.55~6.40

3 赤鼻棱鳀 *Thryssa kammalensis* (Bleeker, 1849)

3.1 分类

分类：鲱形目 CLUPEIFORMES

　　　鳀科 Engraulidae

　　　棱鳀属 *Thryssa*

英文名：Kammal thryssa

俗称：突鼻仔，含西。

图3-1　赤鼻棱鳀

3.2 分布与生活习性

分布：印度-西太平洋。中国沿海。

生活习性：暖水性。中上层种类。生活于沿岸20 m以浅咸淡水。

3.3 长度重量关系

表3-1　长度与重量参数

调查年份	海区	长度重量关系 $W=aL^b$	
		a	b
1997–1998	珠江口	$1.237×10^{-5}$	2.966

3.4 生长方程

表3-2　生长方程参数

调查年份	海区	von Bertalanffy生长方程参数（长度频率法）		
		SL_∞(mm)	K	t_0(a)
1997–1998	珠江口	188	0.36	−0.50

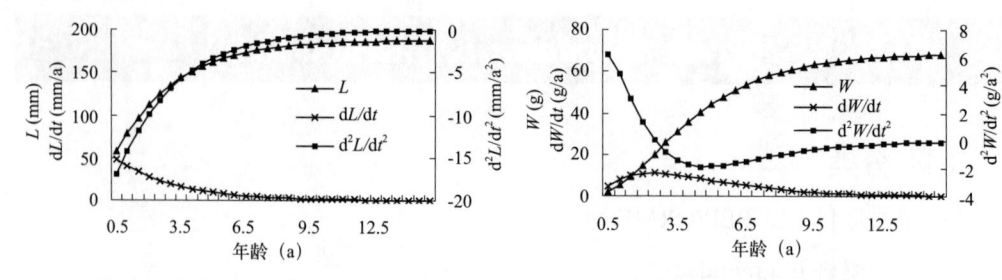

图3-2　长度生长速度和加速度曲线　　　　　图3-3　重量生长速度和加速度曲线

表3-3　重量生长拐点

调查年份	海区	拐点年龄 (a)	拐点重量 (g)	拐点对应长度 SL(mm)
1997—1998	珠江口	2.52	21	125

3.5　死亡与开发参数

表3-4　死亡与开发参数

调查年份	海区	M	Z	F	E	SL_{50}(mm)
1997—1998	珠江口	0.94	2.84	1.90	0.67	86

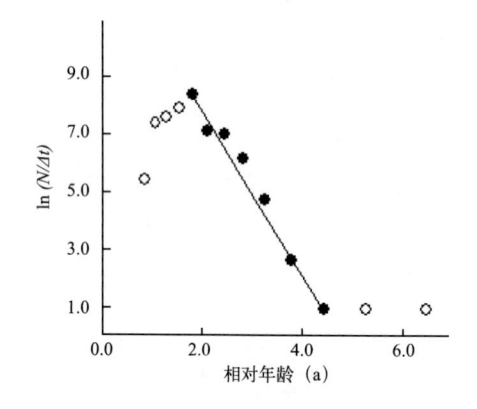

图3-4　长度变换渔获曲线图

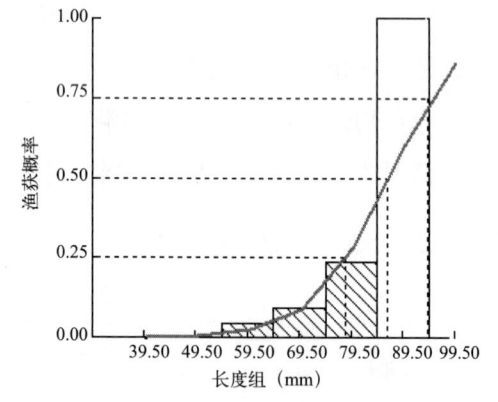

图3-5　渔获概率曲线图
(SL_{25}=78mm，SL_{50}=86mm，SL_{75}=94mm)

3.6　单位补充量渔获量方程参数

表3-5　最大年龄 t_λ

实测法 (a)	Taylor 方法 (a)	Alverson 和 Carner 方法 (a)	自然死亡系数法 (a)	综合法 (a)
2.00	7.82	8.50	2.75	3.00

表 3-6 单位补充量渔获量方程相关参数

M	t_r(a)	t_λ(a)	t_0(a)	W_∞(g)	K
0.94	0.260	3.00	−0.50	69	0.36

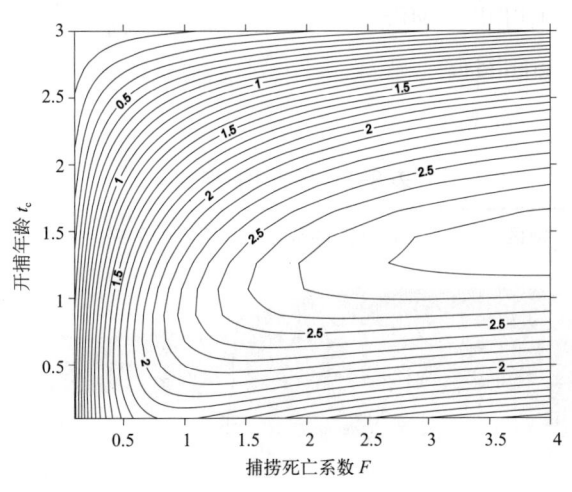

图3-6 单位补充量等渔获量曲线图

3.7　首次性成熟年龄与开捕年龄

表 3-7 首次性成熟年龄 t_m

Froese 法 (a)	实测法 (a)	综合取值 (a)	综合取值对应长度 SL_m(mm)
0.84	1.10	1.00	78

表 3-8 开捕年龄 t_c

个体性成熟法 (a)	拐点年龄法 (a)	等渔获量曲线法 (a)	综合法 (a)	开捕长度 SL_c(mm)	F 取值
1.00	2.52	0.71~1.17	1.10	82	1.60~3.50

4 黄吻棱鳀 *Thryssa vitrirostris* (Gilchrist & Thompson, 1908)

4.1 分类

分类：鲱形目 CLUPEIFORMES

鳀科 Engraulidae

棱鳀属 *Thryssa*

英文名：Orangemouth anchovy

图4-1 黄吻棱鳀

4.2 分布与生活习性

分布：印度洋和太平洋。中国东海、南海及台湾海峡。

生活习性：暖水性。近海小型种类。生活于咸淡水。

4.3 长度重量关系

表4-1 长度与重量参数

调查年份	海区	长度范围 SL(mm)	重量范围 (g)	长度重量关系 $W=aL^b$ a	b	备注
1986	珠江口	SL: /	/	6.245×10^{-5}	2.557	李辉权, 1990
1997–1998	珠江口	FL: 42~172	/	4.054×10^{-5}	2.673	
2005–2006	广东海域	FL: 88~122	6.70~19.00	1.188×10^{-5}	2.971	

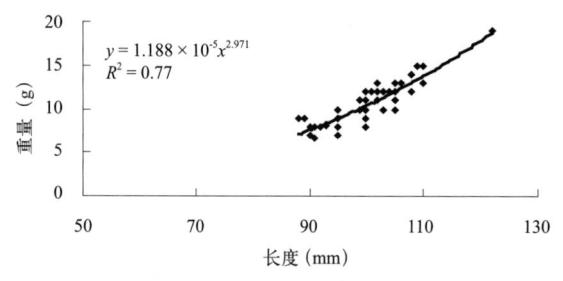

$y = 1.188\times10^{-5}x^{2.971}$
$R^2 = 0.77$

(2005–2006年广东海域调查)
图4-2 长度重量关系曲线图

4.4 生长方程

表4-2 生长方程参数

调查年份	海区	von Bertalanffy 生长方程参数（长度频率法）			备注
		L_∞(mm)	K	t_0(a)	
1986	珠江口	SL: 175	2.06	−0.09	李辉权，1990
1997−1998	珠江口	FL: 192	1.10	−0.16	

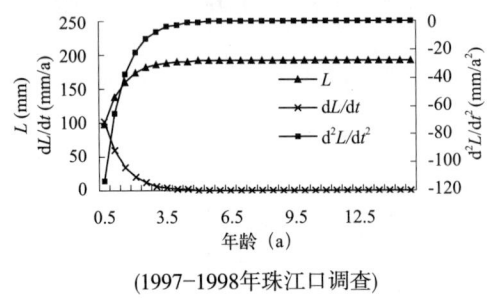

(1997−1998年珠江口调查)
图4-3 长度生长速度和加速度曲线

(1997−1998年珠江口调查)
图4-4 重量生长速度和加速度曲线

表4-3 重量生长拐点

调查年份	海区	拐点年龄 (a)	拐点重量 (g)	拐点对应长度 (mm)
1986	珠江口	0.37	12	SL: 107
1997−1998	珠江口	0.74	17	FL: 121

4.5 死亡与开发参数

表4-4 死亡与开发参数

调查年份	海区	M	Z	F	E	FL_{50}(mm)
1997−1998	珠江口	1.93	9.89	7.96	0.80	111

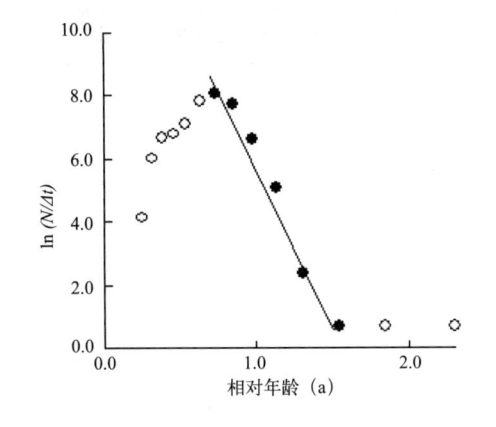

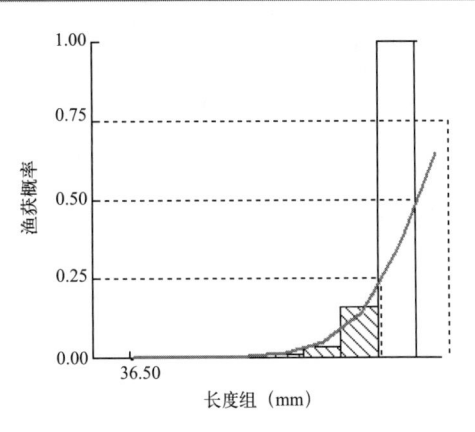

图4-5 长度变换渔获曲线图

(FL_{25}=102mm，FL_{50}=111mm，FL_{75}=121mm)
图4-6 渔获概率曲线图

4.6 单位补充量渔获量方程参数

表 4-5 最大年龄 t_λ

实测法 (a)	Taylor 方法 (a)	Alverson 和 Carner 方法 (a)	自然死亡系数法 (a)	综合法 (a)
2.00	2.57	3.63	1.34	3.00

表 4-6 单位补充量渔获量方程相关参数

M	t_r(a)	t_λ(a)	t_0(a)	W_∞(g)	K
1.93	0.334	3.00	−0.16	51	1.10

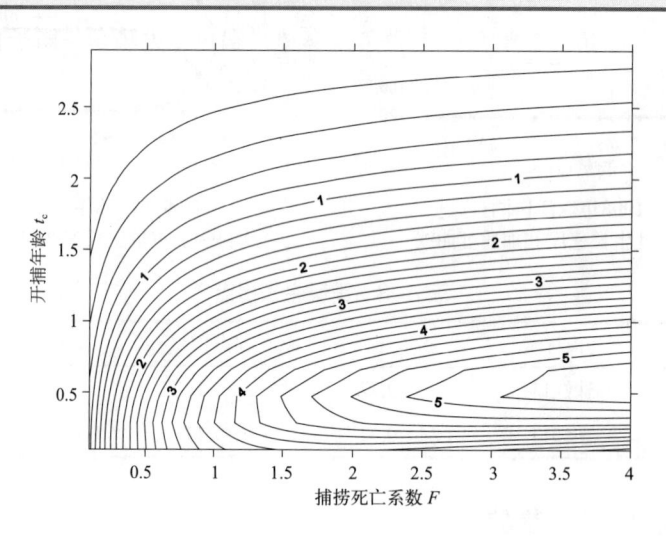

图4-7 单位补充量等渔获量曲线图

4.7 首次性成熟年龄与开捕年龄

表 4-7 首次性成熟年龄 t_m

Froese 法 (a)	实测法 (a)	综合取值 (a)	综合取值对应长度 FL_m(mm)
0.84	0.46	0.46	95

表 4-8 开捕年龄 t_c

个体性成熟法 (a)	拐点年龄法 (a)	等渔获量曲线法 (a)	综合法 (a)	开捕长度 SL_c(mm)	F 取值
0.46	0.74	0.53~0.64	0.55	104	3.55~8.65

5 鰳 *Ilisha elongata* (Bennett, 1830)

5.1 分类

分类：鲱形目 CLUPEIFORMES

　　　鲱科 Clupeidae

　　　鰳属 *Ilisha*

英文名：Chinese herring

俗称：曹白，鲙鱼，白鳞鱼，白力鱼，春鱼，鲞鱼，火鳞鱼，鳞子鱼。

图5-1　鰳

5.2 分布与生活习性

分布：印度 – 西太平洋。中国沿海。

生活习性：暖水性。沿岸种类。河口咸淡水产卵。

5.3 长度重量关系

表5-1　长度与重量参数

调查年份	海区	长度范围 FL(mm)	长度重量关系 $W=aL^b$ a	b
1987	珠江口	20~350	3.198×10^{-5}	2.768
1997-1998	珠江口	35~310	6.709×10^{-6}	3.078

5.4 生长方程

表5-2　生长方程参数

调查年份	海区	von Bertalanffy 生长方程参数（长度频率法） FL_∞(mm)	K	t_0(a)	备注
1987	珠江口	384	0.31	-0.48	
1997-1998	珠江口	331	0.24	-0.65	
1996-1998	珠江口	531	0.37	-0.62	王雪辉等, 2004

(1997–1998年珠江口调查)
图5-2 长度生长速度和加速度曲线

(1997–1998年珠江口调查)
图5-3 重量生长速度和加速度曲线

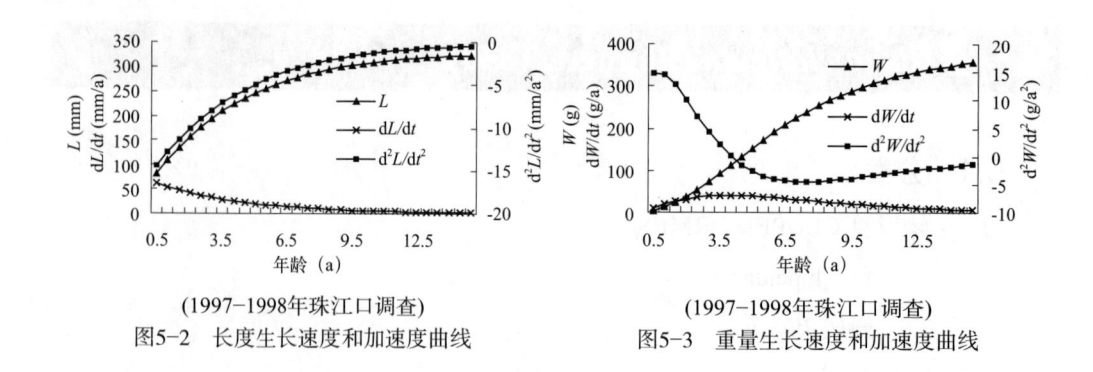

表5-3 重量生长拐点

调查年份	海区	拐点年龄 (a)	拐点重量 (g)	拐点对应长度 FL(mm)
1987	珠江口	2.80	53	246
1997–1998	珠江口	4.03	110	223

5.5 死亡与开发参数

表5-4 死亡与开发参数

调查年份	海区	M	Z	F	E	FL_{50}(mm)
1987	珠江口	0.70	0.95	0.25	0.26	45
1997–1998	珠江口	0.62	1.24	0.62	0.50	139

(1987年珠江口调查)

(1997–1998年珠江口调查)

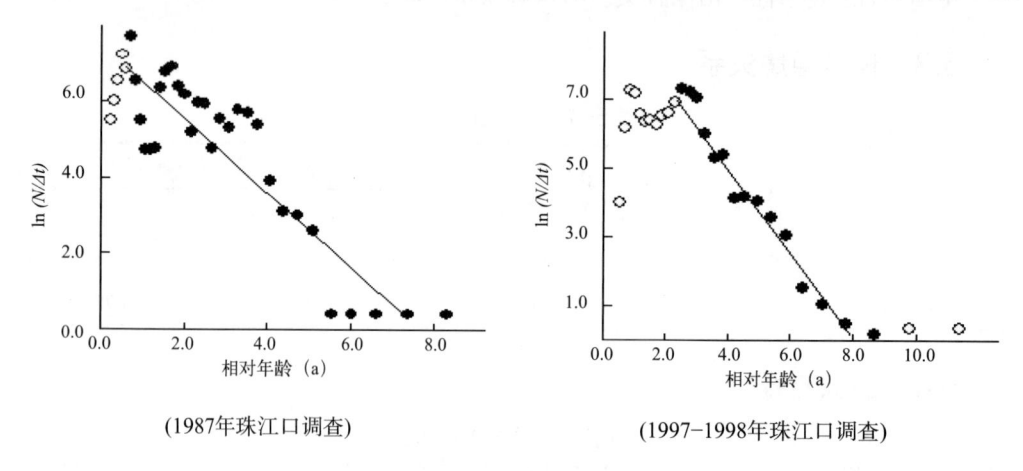

图5-4 长度变换渔获曲线图

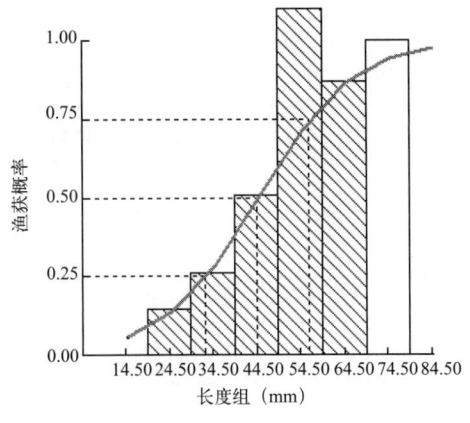

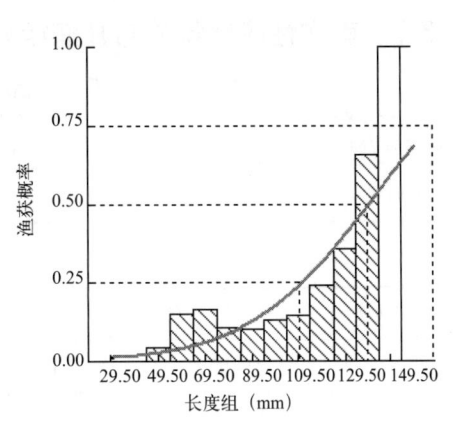

(FL_{25}=33mm，FL_{50}=45mm，FL_{75}=56mm，
1987年珠江口调查)

(FL_{25}=110mm，FL_{50}=139mm，FL_{75}=168mm，
1997-1998年珠江口调查)

图5-5　渔获概率曲线图

5.6　单位补充量渔获量方程参数

表5-5　最大年龄 t_λ

实测法 (a)	Taylor 方法 (a)	Alverson 和 Carner 方法 (a)	自然死亡系数法 (a)	综合法 (a)
3.00	11.83	12.85	4.17	4.00

表5-6　单位补充量渔获量方程相关参数

M	t_r(a)	t_λ(a)	t_0(a)	W_∞(g)	K
0.62	0.030	4.00	−0.65	383	0.24

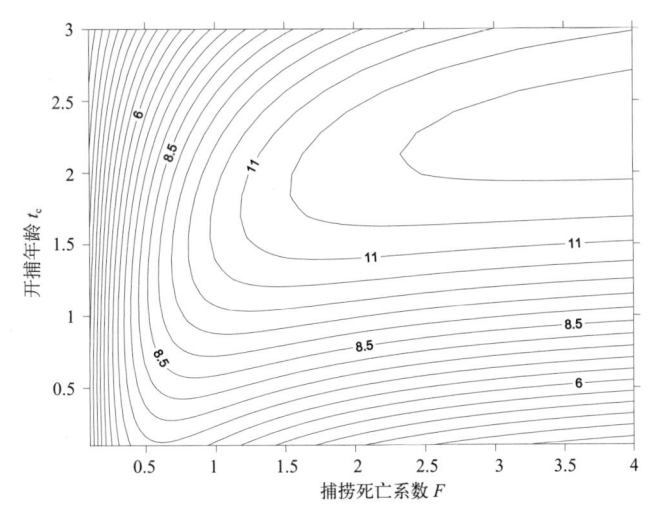

图5-6　单位补充量等渔获量曲线图

5.7 首次性成熟年龄与开捕年龄

表 5-7 首次性成熟年龄 t_m

Froese 法 (a)	实测法 (a)	综合取值 (a)	综合取值对应长度 FL_m(mm)
1.13	1.15	1.15	116

表 5-8 开捕年龄 t_c

个体性成熟法 (a)	拐点年龄法 (a)	等渔获量曲线法 (a)	综合法 (a)	开捕长度 SL_c(mm)	F 取值
1.15	4.03	0.14~1.31	1.15	116	0.48~1.38

6 斑鰶 *Konosirus punctatus* (Temminck & Schlegel, 1846)

6.1 分类

分类：鲱形目 CLUPEIFORMES
　　　鲱科 Clupeidae
　　　　斑鰶属 *Konosirus*

同种异名：*Clupanodon punctatus* (Temminck & Schlegel, 1846)

英文名：Dotted gizzard shad

俗称：黄鱼，刺儿鱼，古眼鱼，磁鱼，油鱼，金耳环。

图6-1　斑鰶

6.2 分布与生活习性

分布：印度-西太平洋。中国黄海、东海和南海。

生活习性：暖水性。中上层种类。栖息于近岸海湾、河口。

6.3 长度重量关系

表6-1　长度与重量参数

调查年份	海区	长度 (*FL*) 重量关系 $W=aL^b$	
		a	b
1997–1998	珠江口	4.162×10^{-5}	2.771

6.4 生长方程

表6-2　生长方程参数

调查年份	海区	von Bertalanffy 生长方程参数（长度频率法）		
		FL_∞(mm)	K	t_0(a)
1997–1998	珠江口	223	0.70	−0.24

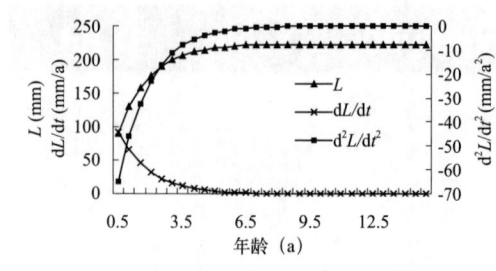

图6-2 长度生长速度和加速度曲线 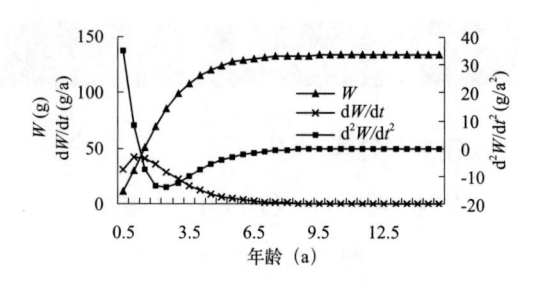　　　图6-3 重量生长速度和加速度曲线

表6-3 重量生长拐点

调查年份	海区	拐点年龄 (a)	拐点重量 (g)	拐点对应长度 FL (mm)
1997–1998	珠江口	1.22	44	143

6.5 繁殖

表6-4 繁殖参数

性成熟最小长度 FL (mm)	产卵期（月份）	产卵盛期（月份）	备注
110~149（大量产卵群体为300）	4—6	5	综合历年调查

6.6 死亡与开发参数

表6-5 死亡与开发参数

调查年份	海区	M	Z	F	E	FL_{50} (mm)
1997–1998	珠江口	1.39	3.77	2.38	0.63	145

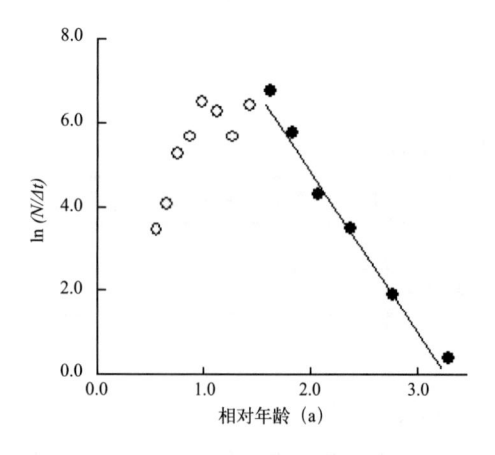

图6-4 长度变换渔获曲线图

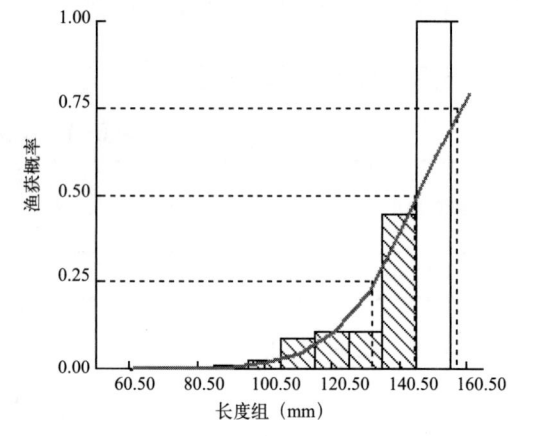

（FL_{25}=132mm，FL_{50}=145mm，FL_{75}=158mm）
图6-5 渔获概率曲线图

6.7 单位补充量渔获量方程参数

表6-6 最大年龄 t_λ

实测法 (a)	Taylor 方法 (a)	Alverson 和 Carner 方法 (a)	自然死亡系数法 (a)	综合法 (a)
3.00	4.04	5.26	1.86	4.00

表6-7 单位补充量渔获量方程相关参数

M	t_r(a)	t_λ(a)	t_0(a)	W_∞(g)	K
1.39	0.208	4.00	−0.24	134	0.70

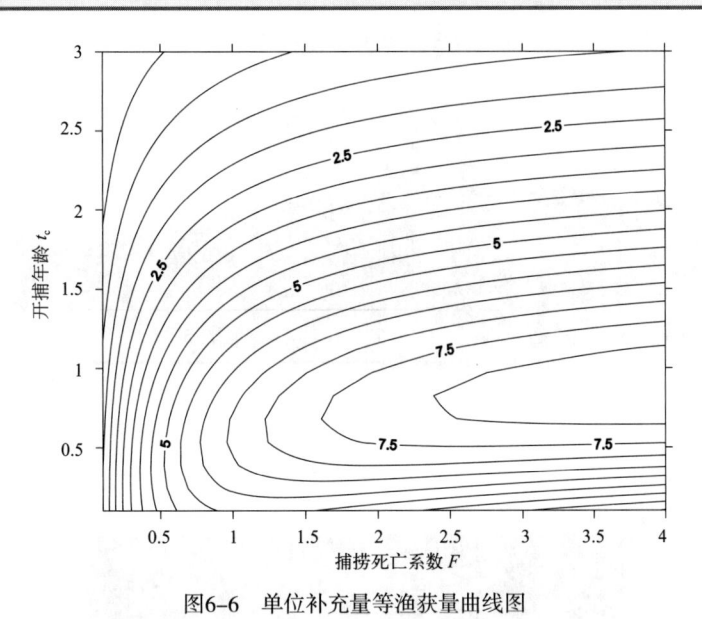

图6-6 单位补充量等渔获量曲线图

6.8 首次性成熟年龄与开捕年龄

表6-8 首次性成熟年龄 t_m

Froese 法 (a)	实测法 (a)	综合取值 (a)	综合取值对应长度 FL_m(mm)
1.13	0.73	0.73	110

表6-9 开捕年龄 t_c

个体性成熟法 (a)	拐点年龄法 (a)	等渔获量曲线法 (a)	综合法 (a)	开捕长度 SL_c(mm)	F 取值
0.73	1.21	0.47~0.78	0.75	111	1.90~4.90

7 金色小沙丁鱼 *Sardinella aurita* **Valenciennes, 1847**

7.1 分类

分类：鲱形目 CLUPEIFORMES
　　　鲱科 Clupeidae
　　　　小沙丁鱼属 *Sardinella*

英文名：Round sardinella

俗称：姑鱼，圆小沙丁鱼，黄泽，鳁鱼。

图7-1　金色小沙丁鱼

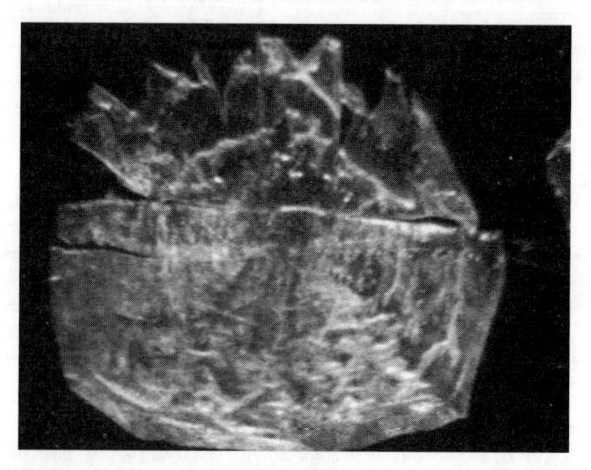

图7-2　鳞片

7.2 分布与生活习性

分布：大西洋、印度洋和太平洋。中国东海、南海及台湾海峡。

生活习性：暖水性。集群性种类，生活于沿岸至陆架边缘海域。昼夜垂直迁移性强。

7.3 长度重量关系

表7-1 长度与重量参数

调查年份	海区	长度范围(mm)	重量范围(g)	年龄范围(a)	长度重量关系 $W=aL^b$ a	b	备注
1982-1983	南海北部大陆架	FL:/	/	0~5	$1.138×10^{-5}$	3.017	
1997-1999, 2001-2002	南海北部	SL: 142~195	38~106	/	$0.965×10^{-5}$	3.062	王雪辉等, 2006

7.4 生长方程

表7-2 生长方程参数

调查年份	海区	von Bertalanffy 生长方程参数（年龄鉴定法） FL_∞(mm)	K	t_0(a)	备注
1982-1983	南海北部大陆架	264	0.56	-0.29	年龄材料为鳞片

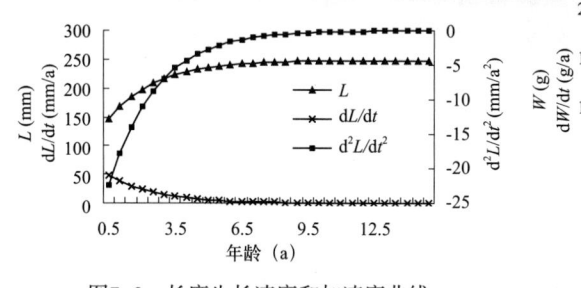

图7-3 长度生长速度和加速度曲线

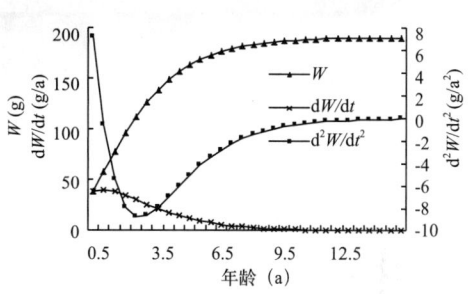

图7-4 重量生长速度和加速度曲线

表7-3 重量生长拐点

调查年份	海区	拐点年龄(a)	拐点重量(g)	拐点对应长度 FL(mm)
1982-1983	南海北部大陆架	0.95	56	166

7.5 繁殖

表7-4 繁殖参数

调查年份	海区	性成熟最小年龄(a)	性成熟最小长度 FL(mm)	产卵期（月份）	个体繁殖力（万粒）
1982-1983	南海北部大陆架	0~1	160	1-5	4~12

8 龙头鱼 *Harpadon nehereus* (Hamilton, 1822)

8.1 分类

分类：仙女鱼目 AULOPIFORMES
　　　狗母鱼科 Synodontidae
　　　龙头鱼属 *Harpodon*

英文名：Bombay duck

俗称：豆腐鱼，狗奶，虾潺，龙头鲆，细血，九肚。

图8-1　龙头鱼

8.2 分布与生活习性

分布：印度 - 西太平洋。中国黄海、东海、南海及台湾海峡。

生活习性：暖水性。中下层种类。栖息于浅海或近岸海区，索饵时在河口集群。

8.3 长度重量关系

表 8-1　长度与重量参数

调查年份	海区	长度范围 SL(mm)	长度重量关系 $W=aL^b$	
			a	b
1997–1998	珠江口	46~265	$3.772×10^{-7}$	3.560

8.4 生长方程

表 8-2　生长方程参数

调查年份	海区	von Bertalanffy 生长方程参数（长度频率法）		
			$SL_∞$(mm)	K	t_0(a)
1997–1998	珠江口	293	0.30	−0.53

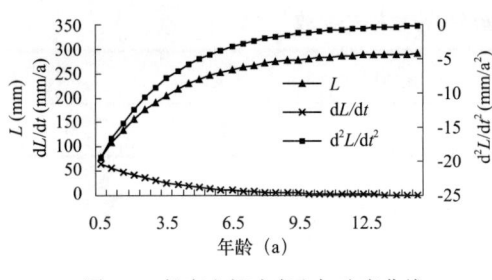

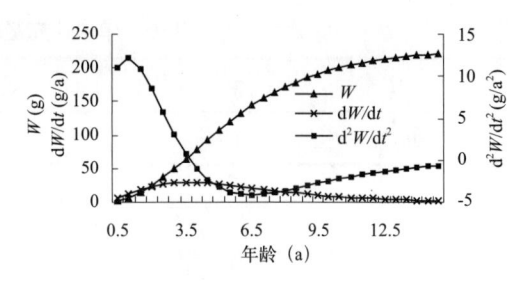

图8-2 长度生长速度和加速度曲线　　　　图8-3 重量生长速度和加速度曲线

表8-3 重量生长拐点

调查年份	海区	拐点年龄(a)	拐点重量(g)	拐点对应长度 SL(mm)
1997–1998	珠江口	3.70	54	211

8.5 死亡与开发参数

表8-4 死亡与开发参数

调查年份	海区	M	Z	F	E	SL_{50}(mm)
1997–1998	珠江口	0.73	1.15	0.42	0.37	119

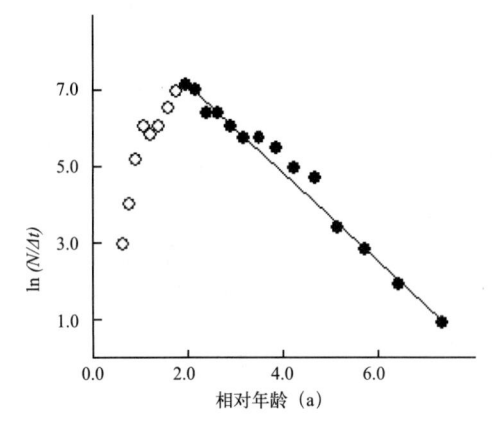

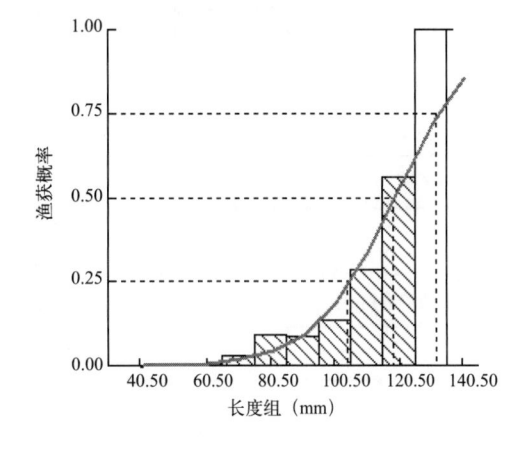

图8-4 长度变换渔获曲线图

(SL_{25}=105mm, SL_{50}=119mm, SL_{75}=132mm)
图8-5 渔获概率曲线图

8.6 单位补充量渔获量方程参数

表8-5 最大年龄 t_λ

实测法(a)	Taylor方法(a)	Alverson和Carner方法(a)	自然死亡系数法(a)	综合法(a)
5.00	9.45	10.71	3.54	5.00

表8-6 单位补充量渔获量方程相关参数

M	t_r(a)	t_λ(a)	t_0(a)	W_∞(g)	K
0.73	0.091	5.00	−0.53	228	0.30

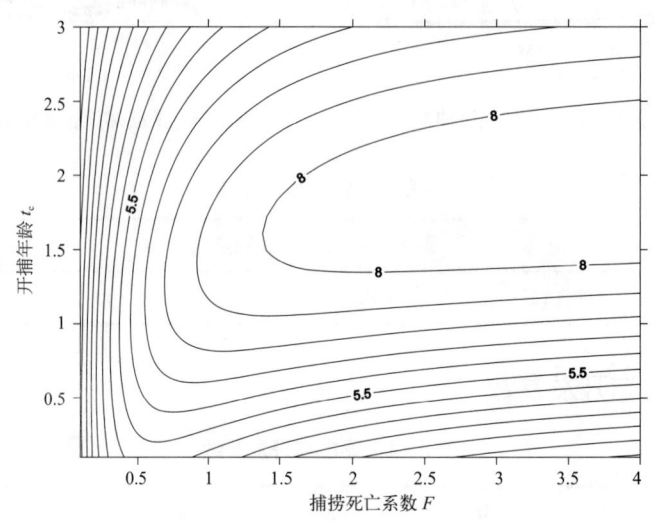

图8-6 单位补充量等渔获量曲线图

8.7 首次性成熟年龄与开捕年龄

表8-7 首次性成熟年龄 t_m

Froese 法 (a)	实测法 (a)	综合取值 (a)	综合取值对应长度 FL_m(mm)
1.43	1.04	1.04	110

表8-8 开捕年龄 t_c

个体性成熟法 (a)	拐点年龄法 (a)	等渔获量曲线法 (a)	综合法 (a)	开捕长度 FL_c(mm)	F 取值
1.04	3.70	0.00~0.99	1.10	113	0.52~1.51

9 长蛇鲻 *Saurida elongata* (Temminck & Schlegel, 1846)

9.1 分类

分类：仙女鱼目 AULOPIFORMES

　　　狗母鱼科 Synodontidae

　　　蛇鲻属 *Saurida*

英文名：Slender lizardfish

俗称：狗棍，九棍，丁鱼，香梭，丁鱼。

图9-1　长蛇鲻

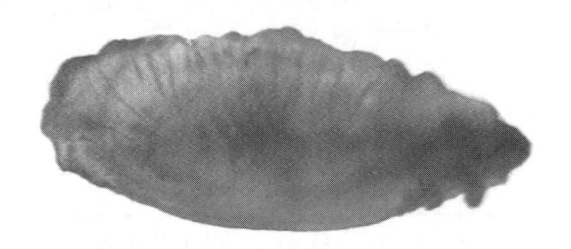

图9-2　耳石

9.2 分布与生活习性

分布：西北太平洋。中国沿海。

生活习性：暖水性。底层种类。栖息于浅海沙质海区。

9.3 长度重量关系

表9-1　长度与重量参数

调查年份	海区	长度范围 SL(mm)	重量范围 (g)	长度重量关系 $W=aL^b$ a	长度重量关系 $W=aL^b$ b	备注
1964–1965	南海北部大陆架	90~550	/	/	/	
2005–2006	广东海域	224~398	114~763	2.583×10^{-6}	3.252	$TL=1.1989SL-17.097$

(2005-2006年广东海域调查)
图9-3 长度重量关系曲线图

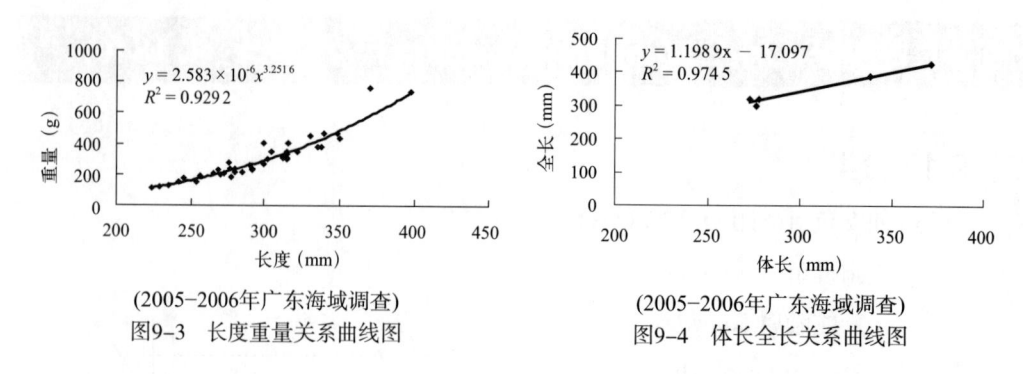

(2005-2006年广东海域调查)
图9-4 体长全长关系曲线图

9.4 生长方程

表9-2 生长方程参数

调查年份	海区	von Bertalanffy生长方程参数（长度频率法）			备注
		SL_∞(mm)	K	t_0(a)	
2005—2006	广东海域	472.61	0.36	−0.18	年龄材料为耳石

图9-5 长度生长速度和加速度曲线

图9-6 重量生长速度和加速度曲线

表9-3 重量生长拐点

调查年份	海区	拐点年龄(a)	拐点重量(g)	拐点对应长度SL(mm)
2005—2006	广东海域	3.14	344	327

9.5 繁殖

表9-4 繁殖参数

调查年份	海区	产卵期(月份)	产卵盛期(月份)
1964—1965	南海北部大陆架	2—8	3—8

9.6 死亡与开发参数

表 9-5 死亡与开发参数

调查年份	海区	M	Z	F	E	SL_{50}(mm)
2005—2006	广东海域	0.72	1.64	0.92	0.56	246

图9-7 长度变换渔获曲线图

(SL_{25}=238mm, SL_{50}=246mm, SL_{75}=255mm)
图9-8 渔获概率曲线图

9.7 单位补充量渔获量方程参数

表 9-6 最大年龄 t_λ

实测法 (a)	Taylor 方法 (a)	Alverson 和 Carner 方法 (a)	自然死亡系数法 (a)	综合法 (a)
5.00	8.26	10.20	3.57	6.00

表 9-7 单位补充量渔获量方程相关参数

M	t_r(a)	t_λ(a)	t_0(a)	W_∞(g)	K
0.72	0.494	6.00	−0.18	1 284	0.36

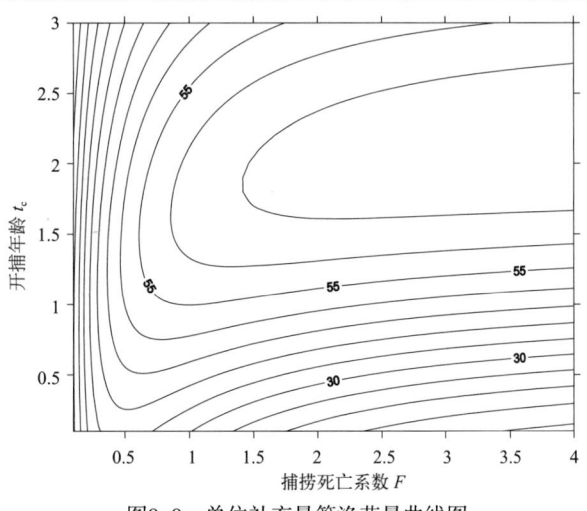

图9-9 单位补充量等渔获量曲线图

9.8 首次性成熟年龄与开捕年龄

表 9-8 首次性成熟年龄 t_m

Froese 法 (a)	实测法 (a)	综合取值 (a)	综合取值对应长度 SL_m(mm)
1.73	1.00	1.00	161

表 9-9 开捕年龄 t_c

个体性成熟法 (a)	拐点年龄法 (a)	等渔获量曲线法 (a)	综合法 (a)	开捕长度 SL_c(mm)	F 取值
1.00	3.14	0.92~1.67	1.00	161	2.55~6.40

10　多齿蛇鲻 *Saurida tumbil* (Bloch, 1795)

10.1　分类

分类：仙女鱼目 AULOPIFORMES
　　　狗母鱼科 Synodontidae
　　　蛇鲻属 *Saurida*

英文名：Greater lizardfish

俗称：九棍，丁鱼，海乌，那哥，九仪。

图10-1　多齿蛇鲻

图10-2　耳石

10.2　分布与生活习性

分布：印度-西太平洋。中国南海、东海及台湾海峡。

生活习性：暖水性。底层种类。主要栖息于浅海沙泥底质海区。

10.3 长度重量关系

表 10-1 长度与重量参数

调查年份	海区	长度范围 SL(mm)	重量范围 (g)	年龄范围 (a)	长度重量关系 $W=aL^b$ a	b	备注
1964-1965	南海北部大陆架	70~550	/	0~6	4.085×10^{-6}	3.169	纯体重
1997-1999	南海北部	55~345	/	/	6.247×10^{-6}	3.103	
2005-2006	广东海域	65~330	3.4~395	/	7.881×10^{-6}	3.057	$TL=1.1736SL+3.8521$

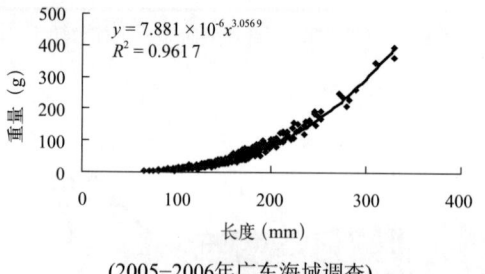

(2005-2006年广东海域调查)
图10-3 长度重量关系曲线图

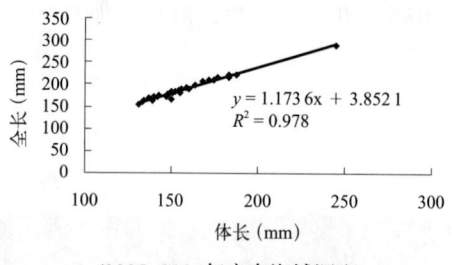

(2005-2006年广东海域调查)
图10-4 体长全长关系曲线图

10.4 生长方程

表 10-2 生长方程参数

调查年份	海区	von Bertalanffy 生长方程参数（长度频率法） L_∞(mm)	K	t_0(a)	备注
1964-1965	南海北部大陆架	SL: 663	0.17	-0.31	年龄鉴定法
1982-1983	南海北部大陆架	SL: 687	0.14	-0.75	年龄鉴定法
1997-1999	南海北部	SL: 355	0.32	-0.47	长度频率法
2005-2006	广东海域	SL: 335	0.40	-0.38	长度频率法
2006-2008	北部湾 ♀	SL: 369	0.53	-0.26	刘金殿等, 2009
	♂	FL: 430	0.44	-0.30	

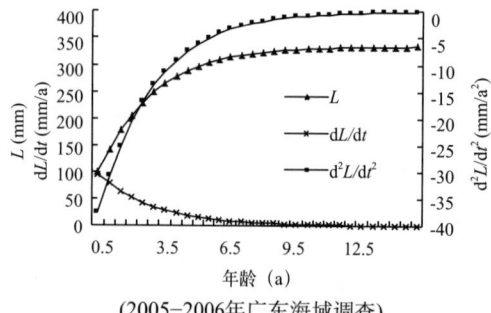

(2005-2006年广东海域调查)
图10-5 长度生长速度和加速度曲线

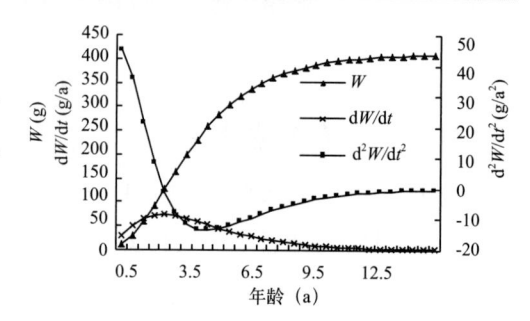

(2005-2006年广东海域调查)
图10-6 重量生长速度和加速度曲线

表 10-3 重量生长拐点

调查年份	海区	拐点年龄 (a)	拐点重量 (g)	拐点对应长度 SL(mm)
1964–1965	南海北部大陆架	6.35	988	454
1997–1999	南海北部	2.82	145	244
2005–2006	广东海域	2.42	119	225

10.5 繁殖

表 10-4 繁殖参数

调查年份	海区	性成熟最小年龄 (a)	性成熟最小长度 FL(mm)	产卵期（月份）	产卵盛期（月份）	个体繁殖力（万粒）
1964–1965	南海北部大陆架	0~1	120	1—12	3—8	3.95~47.83

10.6 死亡与开发参数

表 10-5 死亡与开发参数

调查年份	海区	M	Z	F	E	SL_{50}(mm)
1982–1983	南海北部大陆架	/	0.40	/	/	/
1997–1999	南海北部	0.72	1.47	0.75	0.51	147
2005–2006	广东海域	0.84	1.71	0.87	0.51	108

(1997–1999年南海北部调查)　　(2005–2006年广东海域调查)

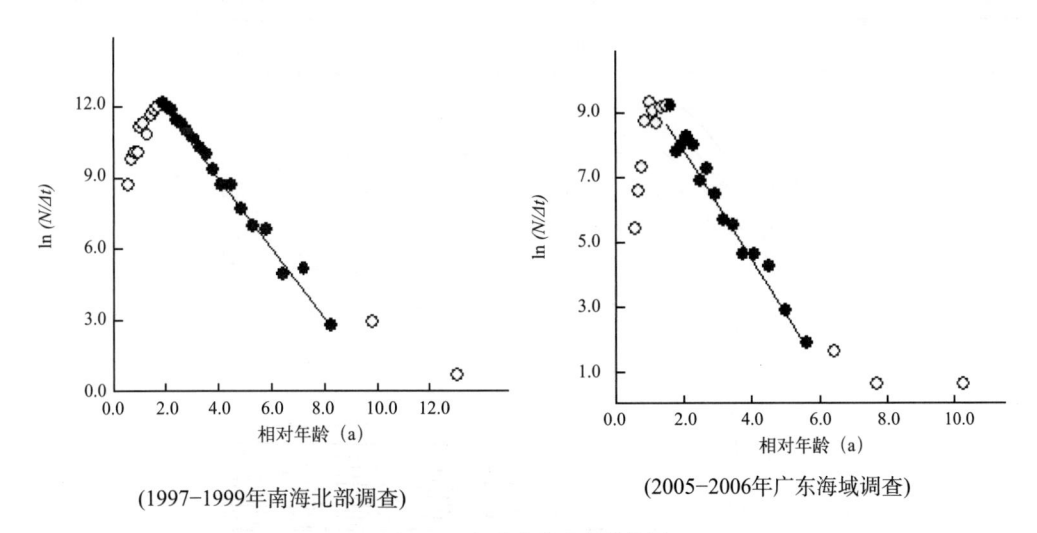

图10-7　长度变换渔获曲线图

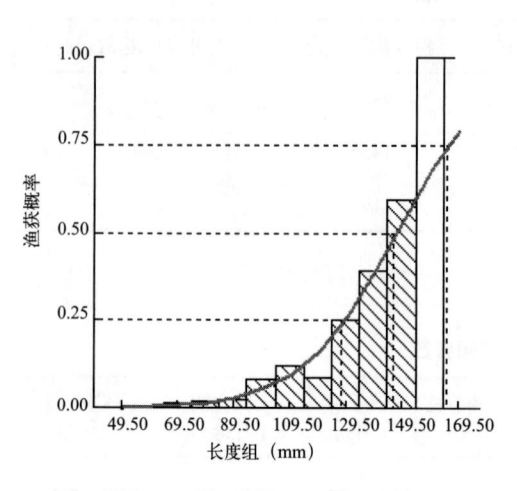

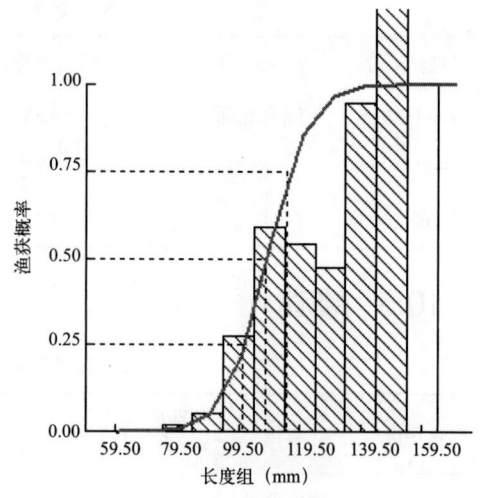

(SL_{25}=128mm, SL_{50}=147mm, SL_{75}=165mm, 1997–1999年南海北部调查)

(SL_{25}=101 mm, SL_{50}=108 mm, SL_{75}=115 mm, 2005–2006年广东海域调查)

图10-8 渔获概率曲线图

10.7 单位补充量渔获量方程参数

表 10-6 最大年龄 t_λ

实测法 (a)	Taylor 方法 (a)	Alverson 和 Carner 方法 (a)	自然死亡系数法 (a)	综合法 (a)
5.00	7.12	8.87	3.08	6.00

表 10-7 单位补充量渔获量方程相关参数

M	t_r(a)	t_λ(a)	t_0(a)	W_∞(g)	K
0.84	0.477	6.00	−0.38	122	0.40

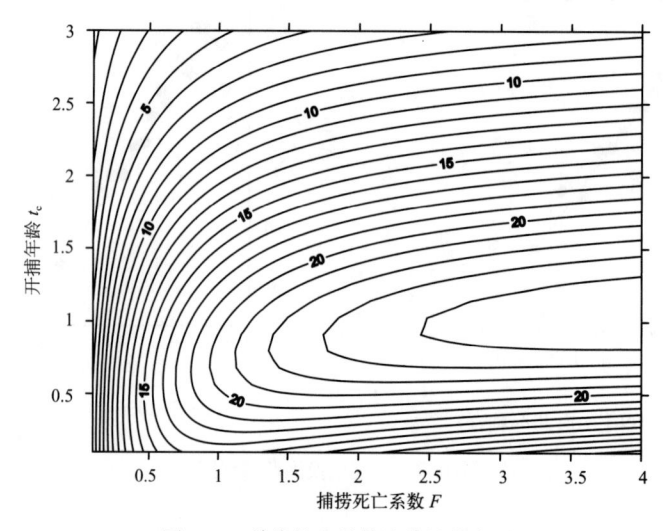

图10-9 单位补充量等渔获量曲线图

10.8　首次性成熟年龄与开捕年龄

表 10-8　首次性成熟年龄 t_m

Froese 法 (a)	实测法 (a)	综合取值 (a)	综合取值对应长度 SL_m(mm)
1.73	1.53	1.53	120

表 10-9　开捕年龄 t_c

个体性成熟法 (a)	拐点年龄法 (a)	等渔获量曲线法 (a)	综合法 (a)	开捕长度 SL_c(mm)	F 取值
1.60	3.77	0.42~1.16	1.60	123	3.56~7.70

11 花斑蛇鲻 *Saurida undosquamis* (Richardson, 1848)

11.1 分类

分类：仙女鱼目 AULOPIFORMES
　　　狗母鱼科 Synodontidae
　　　蛇鲻属 *Saurida*

英文名：Brushtooth lizardfish

俗称：九棍，丁鱼，那哥，海乌，奎龙。

图11-1　花斑蛇鲻

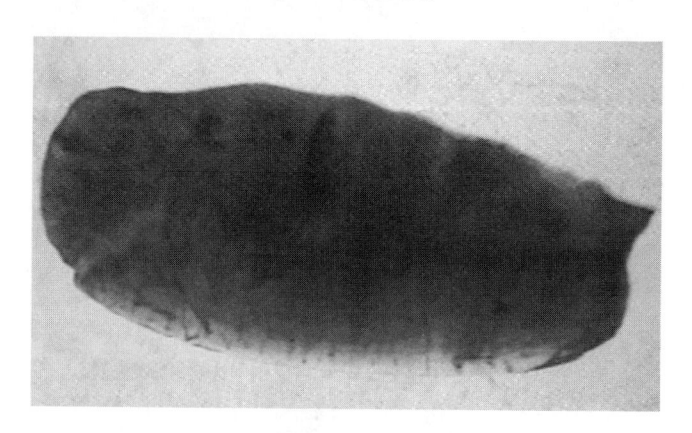

图11-2　耳石

11.2 分布与生活习性

分布：东印度洋和西太平洋。中国南海、东海及台湾海峡。

生活习性：暖水性。底层种类。主要栖息于浅海 50~120 m 沙质海区。

11.3 长度重量关系

表 11-1 长度与重量参数

调查年份	海区	长度范围 SL(mm)	重量范围 (g)	年龄范围 (a)	长度重量关系 $W=aL^b$ a	b	备注
1964-1965	南海北部大陆架	35~465	/	0~5	2.733×10^{-5}	2.810	
1997-1999	南海北部	32~435	/	/	7.046×10^{-6}	3.077	
2005-2006	广东海域	52~235	1.9~170	/	1.547×10^{-5}	2.919	$TL=1.1688SL+4.6866$

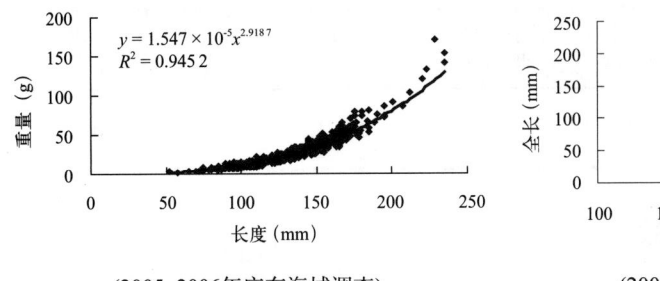

(2005-2006年广东海域调查)
图11-3 长度重量关系曲线图

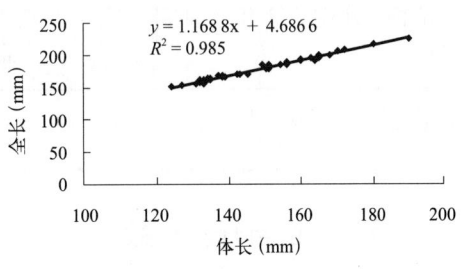

(2005-2006年广东海域调查)
图11-4 体长全长关系曲线图

11.4 生长方程

表 11-2 生长方程参数

调查年份	海区	von Bertalanffy 生长方程参数（长度频率法） L_∞(mm)	K	t_0(a)	备注
1964-1965	南海北部大陆架	SL: 496	0.36	0.36	年龄鉴定法（鳞片）
1997-1998	南海北部	SL: 445	0.26	-0.56	长度频率法
2005-2006	广东海域	SL: 264	0.56	-0.29	长度频率法
2009	台湾海峡	FL: 563	0.23	-0.56	杜建国等

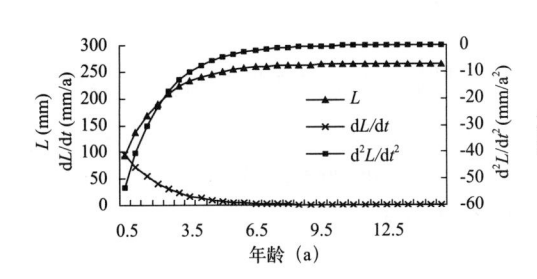

(2005-2006年广东海域调查)
图11-5 长度生长速度和加速度曲线

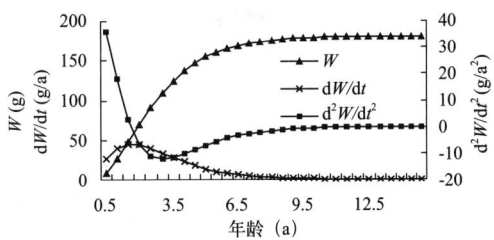

(2005-2006年广东海域调查)
图11-6 重量生长速度和加速度曲线

表 11-3　重量生长拐点

调查年份	海区	拐点年龄 (a)	拐点重量 (g)	拐点对应长度 SL(mm)
1964—1965	南海北部大陆架	2.53	329	320
1997—1999	南海北部	3.77	285	300
2005—2006	广东海域	1.62	55	174

11.5　繁殖

表 11-4　繁殖参数

调查年份	海区	性成熟最小年龄 (a)	性成熟最小长度 FL(mm)	产卵期（月份）	产卵盛期（月份）	个体繁殖力（万粒）
1964—1965	南海北部大陆架	0~1	80	2—11	4—6, 9—11	1.06~57.19

11.6　死亡与开发参数

表 11-5　死亡与开发参数

调查年份	海区	M	Z	F	E	SL_{50}(mm)
1997—1998	南海北部	0.60	1.70	1.10	0.65	85
2005—2006	广东海域	1.14	2.65	1.51	0.57	95

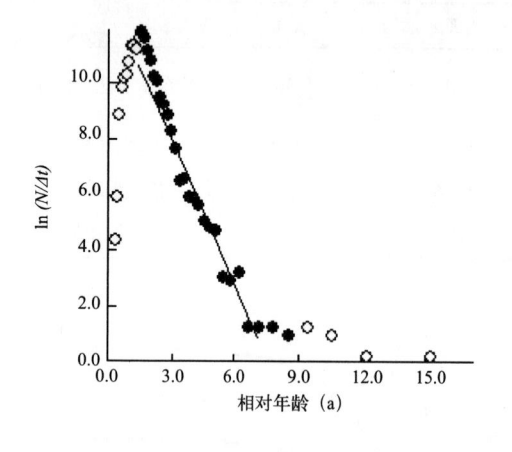

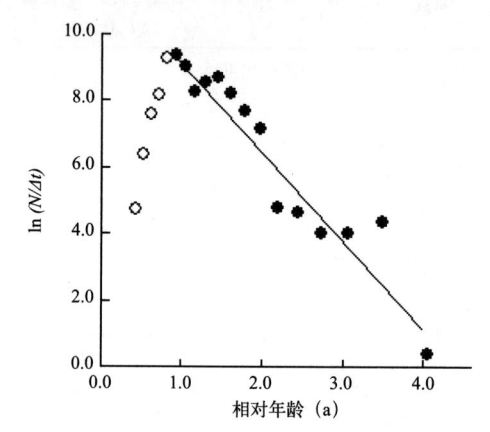

(1997—1999年南海北部调查)　　(2005—2006年广东海域调查)

图11-7　长度变换渔获曲线图

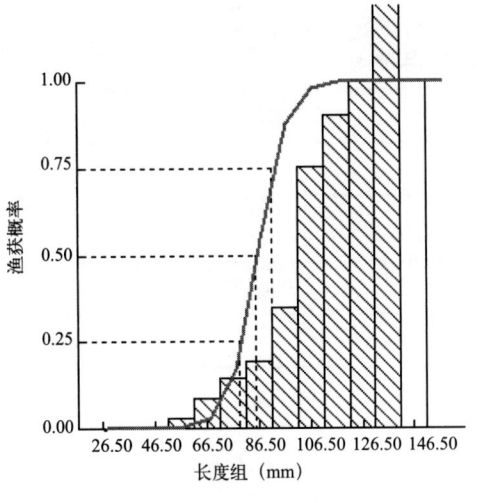

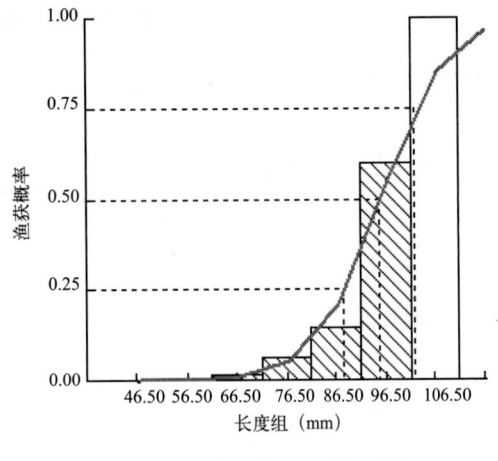

(SL_{25}=79mm，SL_{50}=85mm，SL_{75}=92mm，
1997-1999年南海北部调查)

(SL_{25}=88mm，SL_{50}=95mm，SL_{75}=102mm，
2005-2006年广东海域调查)

图11-8　渔获概率曲线图

11.7　单位补充量渔获量方程参数

表11-6　最大年龄 t_λ

实测法 (a)	Taylor 方法 (a)	Alverson 和 Carner 方法 (a)	自然死亡系数法 (a)	综合法 (a)
5.00	5.06	6.47	2.27	6.00

表11-7　单位补充量渔获量方程相关参数

M	t_r(a)	t_λ(a)	t_0(a)	W_∞(g)	K
1.14	0.086	6.00	−0.29	181	0.56

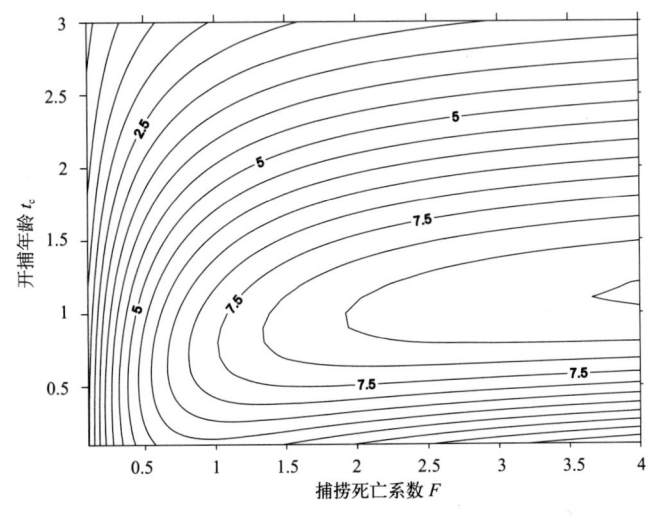

图11-9　单位补充量等渔获量曲线图

11.8 首次性成熟年龄与开捕年龄

表 11-8 首次性成熟年龄 t_m

Froese 法 (a)	实测法 (a)	综合取值 (a)	综合取值对应长度 SL_m(mm)
1.73	0.36	0.36	80

表 11-9 开捕年龄 t_c

个体性成熟法 (a)	拐点年龄法 (a)	等渔获量曲线法 (a)	综合法 (a)	开捕长度 SL_c(mm)	F 取值
0.36	1.62	0.44~0.90	0.50	94	0.40~1.66

12　大头狗母鱼 *Synodus myops* (Forster, 1801)

12.1　分类

分类：仙女鱼目 AULOPIFORMES
　　　　狗母鱼科 Synodontidae
　　　　　狗母鱼属 *Synodus*
同种异名：*Trachinocephalus myops* (Forster, 1801)
英文名：Snakefish
俗称：公奎鱼，奎龙，沙狗棍，哥西，海乌西。

图12-1　大头狗母鱼

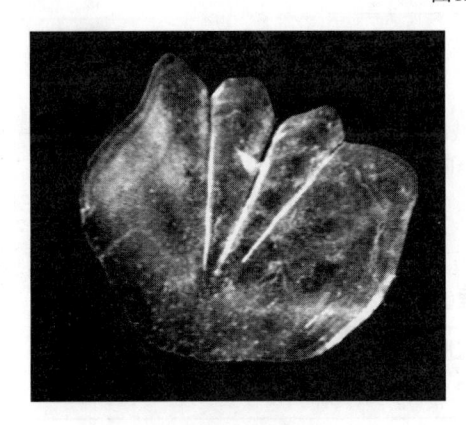

图12-2　鳞片 　　　　　　　　　图12-3　耳石

12.2　分布与生活习性

分布：印度洋、太平洋和大西洋。中国东海、南海及台湾海峡。
生活习性：暖水性。底层种类。栖息于浅海泥沙、岩礁底质海区。

12.3 长度重量关系

表 12-1 长度与重量参数

调查年份	海区	长度范围 (mm)	重量范围 (g)	年龄范围 (a)	长度重量关系 $W=aL^b$ a	长度重量关系 $W=aL^b$ b	备注
1992–1993	闽南–台湾浅滩	*FL*: 80~324	8.0~415	0~6	$8.197×10^{-6}$	3.070	张壮丽, 1997
2005–2006	广东海域	*SL*: 62~320	3.3~546	/	$9.249×10^{-6}$	3.088	*FL*=1.096 4+4.596 4 *TL*=1.223 6+0.091 1

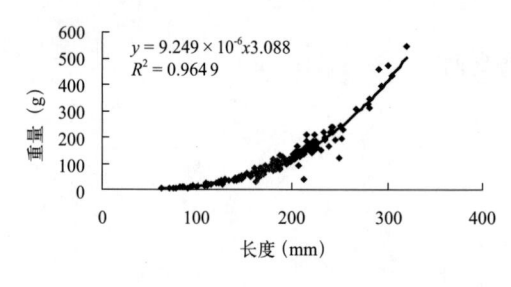

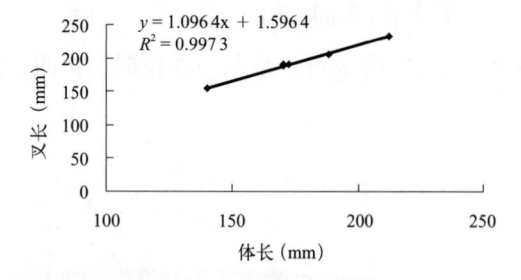

(2005–2006年广东海域调查)
图12-4 长度重量关系曲线图

(2005–2006年广东海域调查)
图12-5 体长叉长关系曲线图

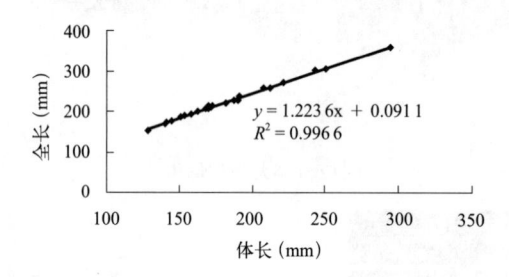

(2005–2006年广东海域调查)
图12-6 体长全长关系曲线图

12.4 生长方程

表 12-2 生长方程参数

调查年份	海区	von Bertalanffy 生长方程参数（长度频率法） $L_∞$(mm)	von Bertalanffy 生长方程参数（长度频率法） K	von Bertalanffy 生长方程参数（长度频率法） t_0(a)	备注
1992–1993	闽南–台湾浅滩	*FL*: 609	0.09	−2.88	张壮丽, 1997
2005–2006	广东海域	*SL*: 331	0.19	−1.37	

(2005-2006年广东海域调查)
图12-7 长度生长速度和加速度曲线

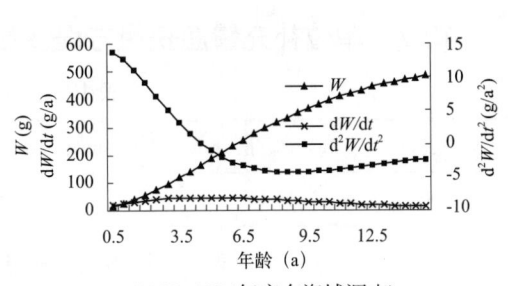

(2005-2006年广东海域调查)
图12-8 重量生长速度和加速度曲线

表12-3 重量生长拐点

调查年份	海区	拐点年龄(a)	拐点重量(g)	拐点对应长度(mm)
1992-1993	闽南-台湾浅滩	10.32	836	FL: 411
2005-2006	广东海域	4.57	160	SL: 224

12.5 繁殖

表12-4 繁殖参数

调查年份	海区	产卵期(月份)
1964-1965	南海北部大陆架	1—12
1976-1977	南海北部大陆架	2—10

12.6 死亡与开发参数

表12-5 死亡与开发参数

调查年份	海区	M	Z	F	E	L_{50}(mm)	备注
1992-1993	闽南-台湾浅滩	0.35	1.41	1.06	/	FL: /	张壮丽, 1997
2005-2006	广东海域	0.53	1.14	0.61	0.54	SL: 185	

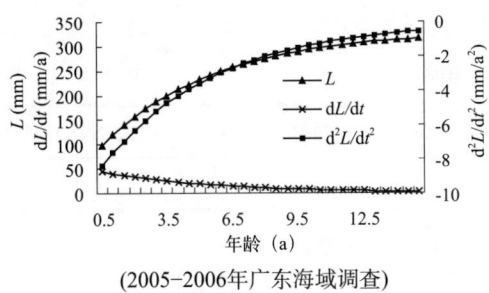

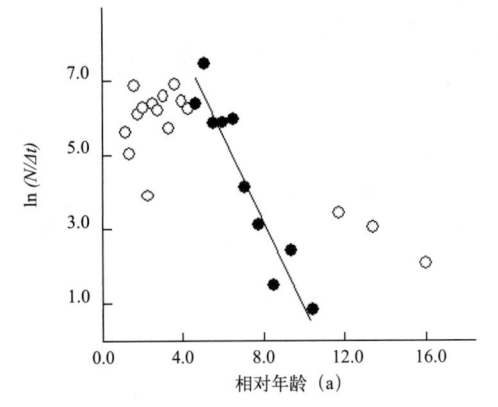

(2005-2006年广东海域调查)
图12-9 长度变换渔获曲线图

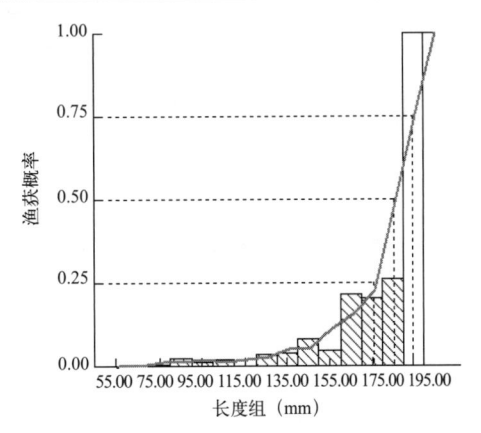

(SL_{25}=176mm, SL_{50}=185mm, SL_{75}=195mm,
2005-2006年广东海域调查)
图12-10 渔获概率曲线图

12.7 单位补充量渔获量方程参数

表 12-6 最大年龄 t_λ

实测法 (a)	Taylor 方法 (a)	Alverson 和 Carner 方法 (a)	自然死亡系数法 (a)	综合法 (a)
5.00	14.40	15.37	4.87	6.00

表 12-7 单位补充量渔获量方程相关参数

M	t_r(a)	t_λ(a)	t_0(a)	W_∞(g)	K
0.53	0.089	6.00	−1.37	559	0.19

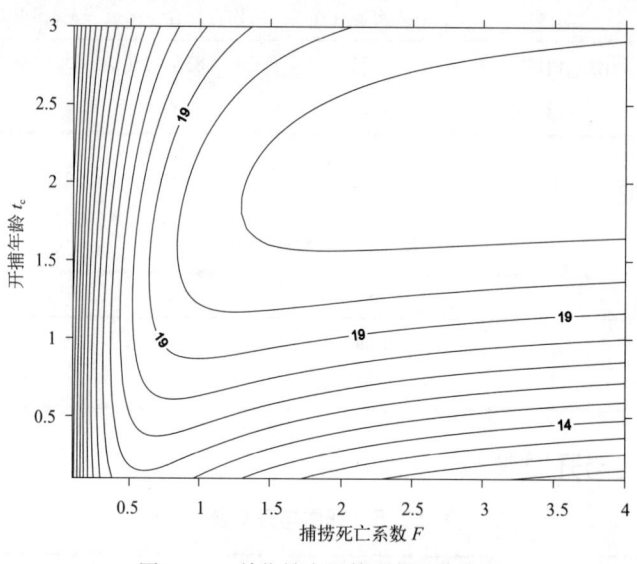

图12-11 单位补充量等渔获量曲线图

12.8 首次性成熟年龄与开捕年龄

表 12-8 首次性成熟年龄 t_m

Froese 法 (a)	实测法 (a)	综合取值 (a)	综合取值对应长度 SL_m(mm)
1.73	1.70	1.70	146

表 12-9 开捕年龄 t_c

个体性成熟法 (a)	拐点年龄法 (a)	等渔获量曲线法 (a)	综合法 (a)	开捕长度 SL_c(mm)	F 取值
1.70	4.57	0.17~1.35	1.70	146	1.01~2.28

13　麦氏犀鳕 *Bregmaceros mcclellandi* Thompson, 1840

13.1　分类

分类：鳕形目 GADIFORMES

　　　　犀鳕科 Bregmacerotidae

　　　　犀鳕属 *Bregmaceros*

英文名：Unicorn cod

俗称：海蝴鳅

图13-1　麦氏犀鳕

13.2　分布与生活习性

分布：印度－西太平洋。中国东海和南海。

生活习性：暖水性。大洋性中上层种类。

13.3　长度重量关系

表 13-1　长度与重量参数

调查年份	海区	长度范围 SL(mm)	重量范围 (g)	长度重量关系 $W=aL^b$	
				a	b
2005–2006	广东海域	38~101	0.5~6.7	1.198×10^{-5}	2.902

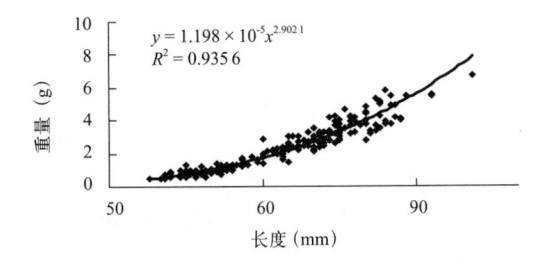

$y = 1.198 \times 10^{-5} x^{2.9021}$
$R^2 = 0.9356$

（2005–2006年广东海域调查）
图13-2　长度重量关系曲线图

13.4 生长方程

表13-2 生长方程参数

调查年份	海区	von Bertalanffy生长方程参数（长度频率法）		
		SL_∞(mm)	K	t_0(a)
2005—2006	广东海域	110	0.87	−0.21

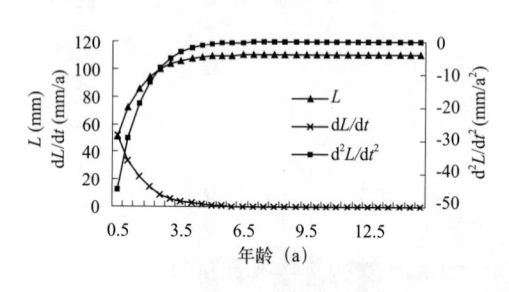

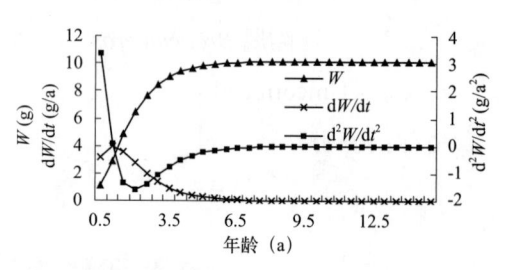

图13-3 长度生长速度和加速度曲线

图13-4 重量生长速度和加速度曲线

表13-3 重量生长拐点

调查年份	海区	拐点年龄(a)	拐点重量(g)	拐点对应长度SL(mm)
2005—2006	广东海域	1.02	3.1	72

13.5 死亡与开发参数

表13-4 死亡与开发参数

调查年份	海区	M	Z	F	E	SL_{50}(mm)
2005—2006	广东海域	1.88	3.96	2.08	0.53	40

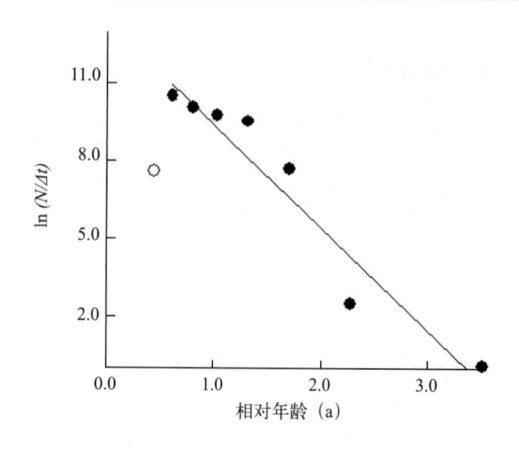

图13-5 长度变换渔获曲线图

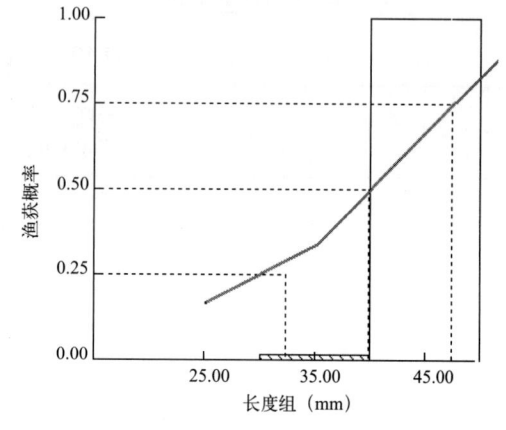

(SL_{25}=32mm，SL_{50}=40mm，SL_{75}=47mm)
图13-6 渔获概率曲线图

13.6　单位补充量渔获量方程参数

表 13-5　最大年龄 t_λ

实测法 (a)	Taylor 方法 (a)	Alverson 和 Carner 方法 (a)	自然死亡系数法 (a)	综合法 (a)
2.00	3.23	4.01	1.38	3.00

表 13-6　单位补充量渔获量方程相关参数

M	t_r(a)	t_λ(a)	t_0(a)	W_∞(g)	K
1.88	0.277	3.00	−0.21	10	0.87

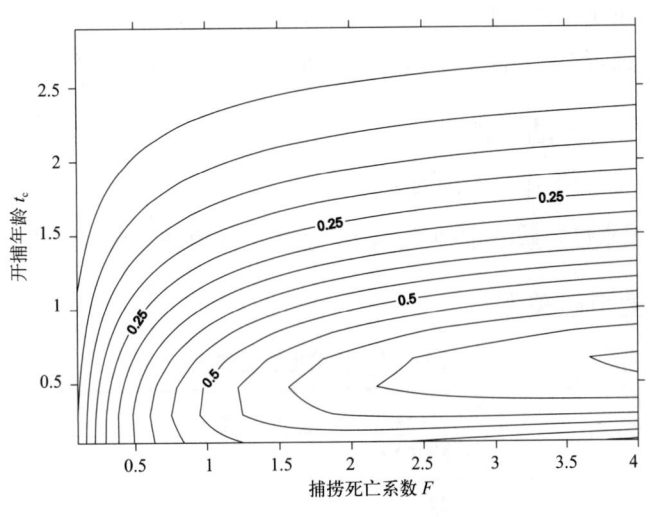

图13-7　单位补充量等渔获量曲线图

13.7　首次性成熟年龄与开捕年龄

表 13-7　首次性成熟年龄 t_m

Froese 法 (a)	实测法 (a)	综合取值 (a)	综合取值对应长度 SL_m(mm)
0.84	0.82	0.82	65

表 13-8　开捕年龄 t_c

个体性成熟法 (a)	拐点年龄法 (a)	等渔获量曲线法 (a)	综合法 (a)	开捕长度 SL_c(mm)	F 取值
0.82	1.02	0.18~0.50	0.50	51	1.76~5.70

14　黄鲻 *Ellochelon vaigiensis* (Quoy & Gaimard, 1825)

14.1　分类

分类：鲻形目 MUGILIFORMES
　　　　鲻科 Mugilidae
　　　　黄鲻属 *Ellochelon*

同种异名：*Liza vaigiensis* (Quoy & Gaimard, 1825)

英文名：Squaretail mullet

俗称：大头鲻，乌鲻，黑耳鲻，九棍，葵龙，田鱼，乌头，乌支，脂鱼，白眼，丁鱼。

14.2　分布与生活习性

分布：印度 - 西太平洋。中国南海。

生活习性：暖水性。咸淡水种类。沿岸生活，常栖息于河口、潟湖、礁坪等区域。

14.3　长度重量关系

表14-1　长度与重量参数

调查年份	海区	长度范围 SL(mm)	重量范围 (g)	长度重量关系 $W=aL^b$	
				a	b
1997–1998	珠江口	29~212	/	5.364×10^{-5}	2.782

14.4　生长方程

表14-2　生长方程参数

调查年份	海区	von Bertalanffy 生长方程参数（长度频率法）		
		SL_∞(mm)	K	t_0(a)
1997–1998	珠江口	229	0.50	−0.34

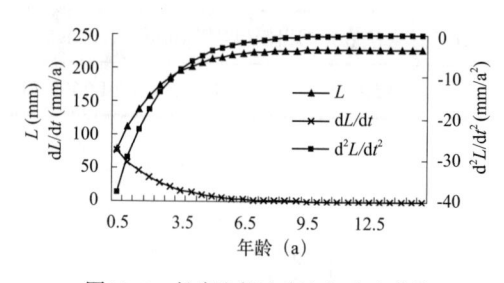

图14-1　长度生长速度和加速度曲线

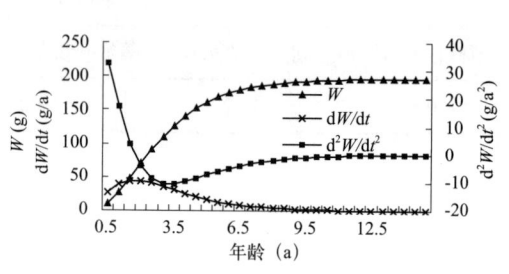

图14-2　重量生长速度和加速度曲线

表 14-3　重量生长拐点

调查年份	海区	拐点年龄 (a)	拐点重量 (g)	拐点对应长度 SL(mm)
1997–1998	珠江口	1.71	64	147

14.5　死亡与开发参数

表 14-4　死亡与开发参数

调查年份	海区	M	Z	F	E	SL_{50}(mm)
1997–1998	珠江口	1.10	2.23	1.13	0.51	81

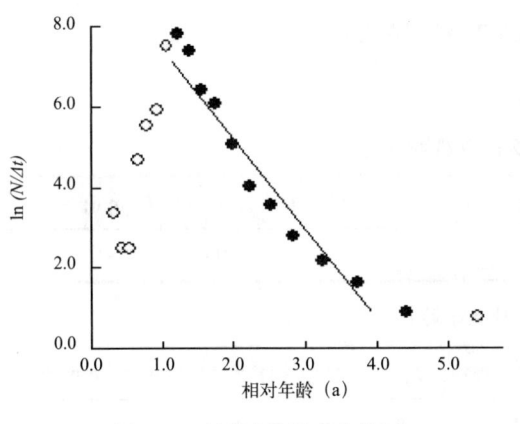

图14-3　长度变换渔获曲线图

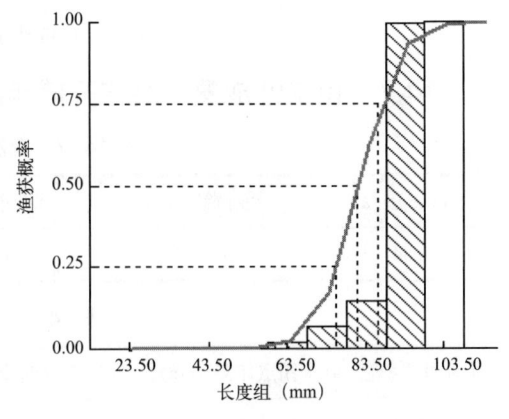

(SL_{25}=76mm，SL_{50}=81mm，SL_{75}=86mm)
图14-4　渔获概率曲线图

14.6　单位补充量渔获量方程参数

表 14-5　最大年龄 t_λ

实测法 (a)	Taylor 方法 (a)	Alverson 和 Carner 方法 (a)	自然死亡系数法 (a)	综合法 (a)
2.00	5.65	6.88	2.35	3.00

表 14-6　单位补充量渔获量方程相关参数

M	t_r(a)	t_c(a)	t_0(a)	W_∞(g)	K
1.10	0.155	3.00	−0.34	197	0.50

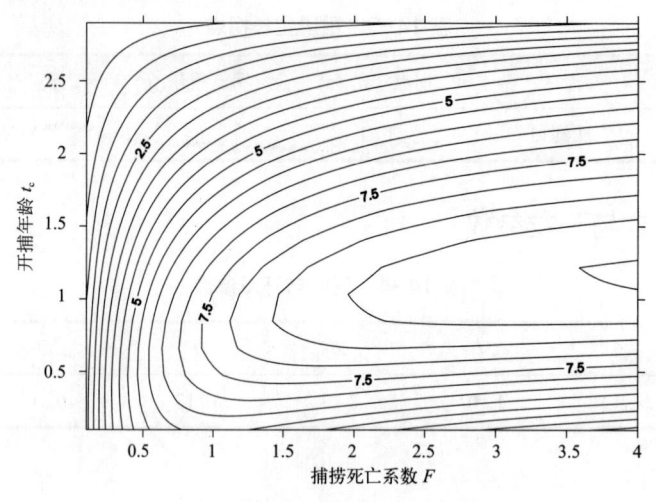

图14-5 单位补充量等渔获量曲线图

14.7 首次性成熟年龄与开捕年龄

表 14-7 首次性成熟年龄 t_m

Froese 法 (a)	实测法 (a)	综合取值 (a)	综合取值对应长度 SL_m(mm)
0.84	0.92	0.90	106

表 14-8 开捕年龄 t_c

个体性成熟法 (a)	拐点年龄法 (a)	等渔获量曲线法 (a)	综合法 (a)	开捕长度 SL_c(mm)	F 取值
0.90	1.71	0.21~0.82	0.90	106	1.42~3.51

15 前鳞骨鲻 *Osteomugil ophuyseni* (Bleeker, 1858-1859)

15.1 分类

分类：鲻形目 MUGILIFORMES

鲻科 Mugilidae

骨鲻属 *Osteomugil*

英文名：Mullet

俗称：青蚬仔，开氏鲻，加剥。

图15-1 前鳞骨鲻

15.2 分布与生活习性

分布：印度 - 西太平洋和大西洋。中国南海和东海。

生活习性：暖水性。沿岸种类。主要栖息于咸淡水海区。

15.3 长度重量关系

表 15-1 长度与重量参数

调查年份	海区	长度范围 SL(mm)	重量范围 (g)	长度重量关系 $W=aL^b$	
				a	b
1997–1998	珠江口	26~152	/	3.960×10^{-5}	2.836
2005–2006	广东海域	106~128	20~31	/	/

15.4 生长方程

表 15-2 生长方程参数

调查年份	海区	von Bertalanffy 生长方程参数（长度频率法）		
		SL_∞(mm)	K	t_0(a)
1997–1998	珠江口	166	0.69	−0.26

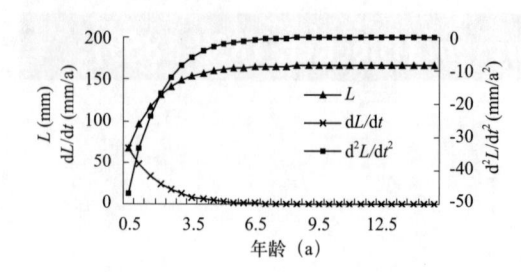

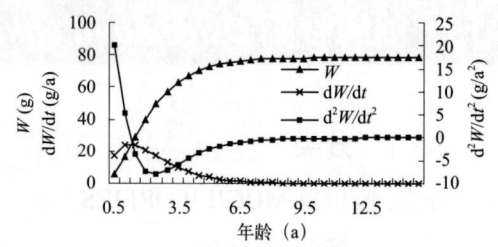

图15-2 长度生长速度和加速度曲线

图15-3 重量生长速度和加速度曲线

表15-3 重量生长拐点

调查年份	海区	拐点年龄 (a)	拐点重量 (g)	拐点对应长度 SL(mm)
1997–1998	珠江口	1.26	25	107

15.5 死亡与开发参数

表15-4 死亡与开发参数

调查年份	海区	M	Z	F	E	SL_{50}(mm)
1997–1998	珠江口	1.44	2.90	1.46	0.50	110

图15-4 长度变换渔获曲线图

(SL_{25}=100mm,SL_{50}=110mm,SL_{75}=120mm)
图15-5 渔获概率曲线图

15.6 单位补充量渔获量方程参数

表15-5 最大年龄 t_λ

实测法 (a)	Taylor 方法 (a)	Alverson 和 Carner 方法 (a)	自然死亡系数法 (a)	综合法 (a)
2.00	4.09	5.17	1.80	3.00

表 15-6　单位补充量渔获量方程相关参数

M	t_r(a)	t_λ(a)	t_0(a)	W_∞(g)	K
1.44	0.263	3.00	−0.26	78	0.69

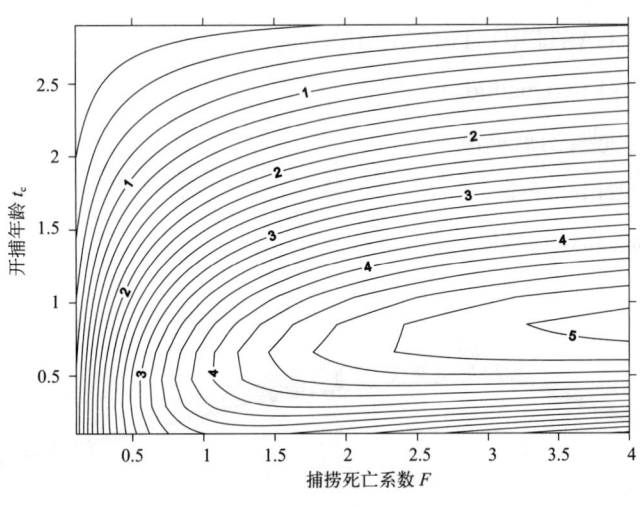

图15-6　单位补充量等渔获量曲线图

15.7　首次性成熟年龄与开捕年龄

表 15-7　首次性成熟年龄 t_m

Froese 法 (a)	实测法 (a)	综合取值 (a)	综合取值对应长度 SL_m(mm)
0.84	0.7	0.7	80

表 15-8　开捕年龄 t_c

个体性成熟法 (a)	拐点年龄法 (a)	等渔获量曲线法 (a)	综合法 (a)	开捕长度 SL_c(mm)	F 取值
0.70	1.26	0.18~0.63	0.70	80	1.96~5.10

16 尖海龙 *Syngnathus acus* Linnaeus, 1758

16.1 分类

分类：刺鱼目 GASTEROSTEIFORMES

　　　　海龙科 Syngnathidae

　　　　　　海龙属 *Syngnathus*

英文名：Greater pipefish

俗称：小海龙，海鳅，杨枝鱼。

图16-1　尖海龙

16.2 分布与生活习性

分布：东大西洋、太平洋和印度洋。中国沿海。

生活习性：暖温性。底层种类。喜栖于沙质粗糙海底、藻丛。

16.3 长度重量关系

表 16-1　长度与重量参数

调查年份	海区	长度范围 SL(mm)	长度重量关系 $W=aL^b$ a	b
1997–1998	珠江口	58~215	2.881×10^{-7}	3.071

16.4 生长方程

表 16-2　生长方程参数

调查年份	海区	von Bertalanffy 生长方程参数（长度频率法） SL_∞(mm)	K	t_0(a)
1997–1998	珠江口	228	1.20	−0.11

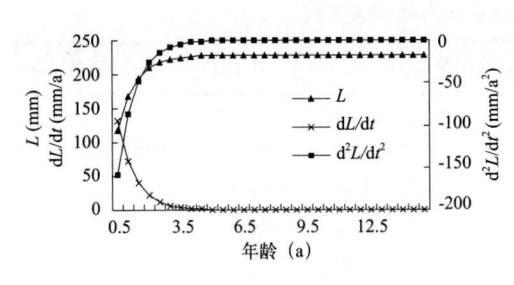

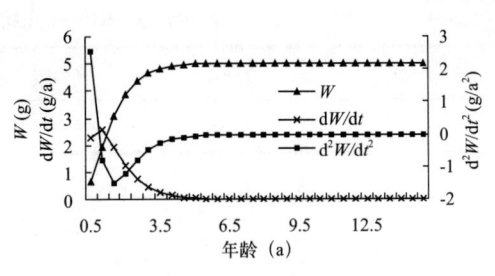

图16-2 长度生长速度和加速度曲线　　　　图16-3 重量生长速度和加速度曲线

表16-3 重量生长拐点

调查年份	海区	拐点年龄 (a)	拐点重量 (g)	拐点对应长度 SL(mm)
1997–1998	珠江口	0.83	1.5	154

16.5 死亡与开发参数

表16-4 死亡与开发参数

调查年份	海区	M	Z	F	E	SL_{50}(mm)
1997–1998	珠江口	1.53	5.38	3.85	0.72	199

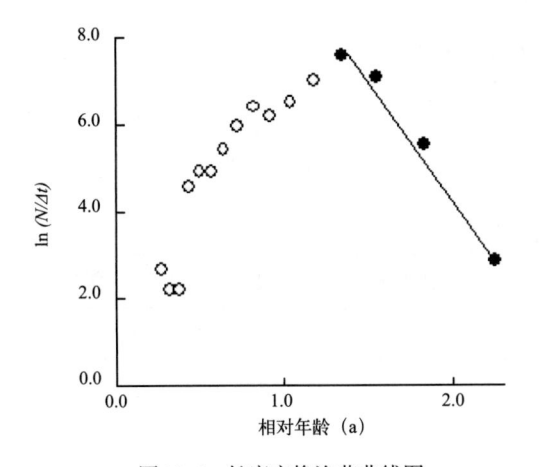

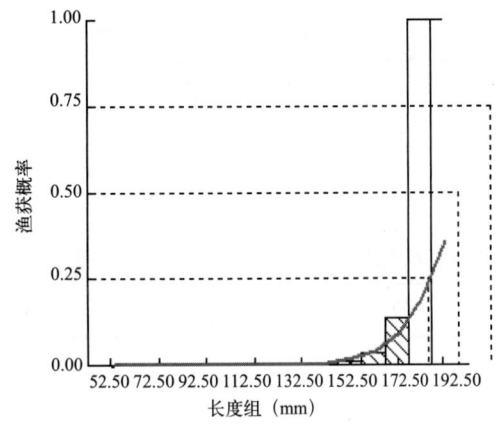

图16-4 长度变换渔获曲线图

(SL_{25}=186mm, SL_{50}=199mm, SL_{75}=213mm)
图16-5 渔获概率曲线图

16.6 单位补充量渔获量方程参数

表16-5 最大年龄 t_λ

实测法 (a)	Taylor 方法 (a)	Alverson 和 Carner 方法 (a)	自然死亡系数法 (a)	综合法 (a)
3.00	2.39	4.03	1.69	4.00

表 16-6　单位补充量渔获量方程相关参数

M	$t_r(a)$	$t_\lambda(a)$	$t_0(a)$	$W_\infty(g)$	K
1.53	0.138	4.00	−0.11	5.0	1.20

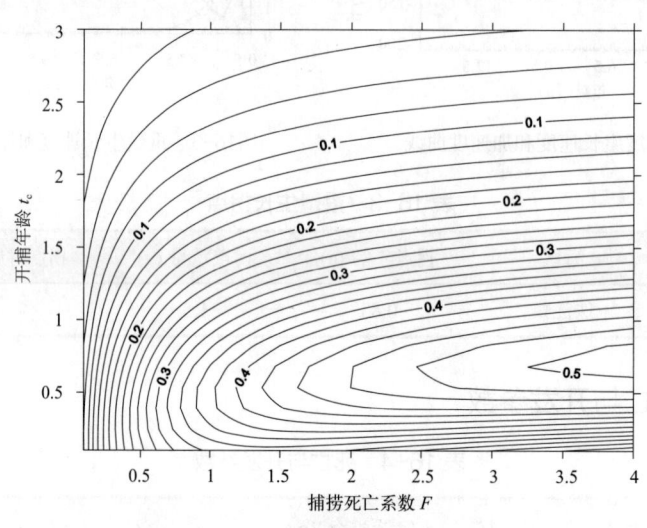

图16-6　单位补充量等渔获量曲线图

16.7　首次性成熟年龄与开捕年龄

表 16-7　首次性成熟年龄 t_m

Froese 法 (a)	实测法 (a)	综合取值 (a)	综合取值对应长度 SL_m(mm)
1.13	1.00	1.00	168

表 16-8　开捕年龄 t_c

个体性成熟法 (a)	拐点年龄法 (a)	等渔获量曲线法 (a)	综合法 (a)	开捕长度 SL_c(mm)	F 取值
1.00	0.83	0.51~0.71	0.70	141	3.50~8.70

17 眶棘双边鱼 Ambassis gymnocephalus (Lacepède, 1802)

17.1 分类

分类：鲈形目 PERCIFORMES
　　　　双边鱼科 Ambassidae
　　　　　双边鱼属 *Ambassis*
英文名：Bald glassy

图17-1　眶棘双边鱼

17.2 分布与生活习性

分布：印度-西太平洋。中国东海、南海及台湾海峡。

生活习性：暖水性。底层种类。沿岸咸淡水生活。

17.3 长度重量关系

表17-1　长度与重量参数

调查年份	海区	长度范围 SL(mm)	长度重量关系 $W=aL^b$ a	b
1997–1998	珠江口	32~77	2.628×10^{-4}	2.305

17.4 生长方程

表17-2　生长方程参数

调查年份	海区	von Bertalanffy 生长方程参数（长度频率法） SL_∞(mm)	K	t_0(a)
1997–1998	珠江口	107	0.60	−0.34

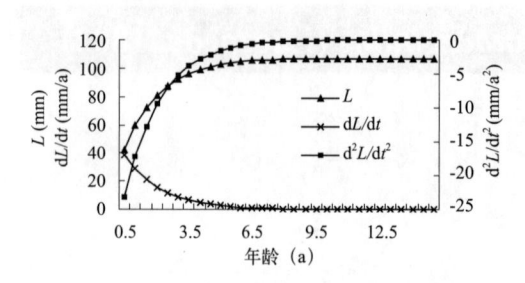

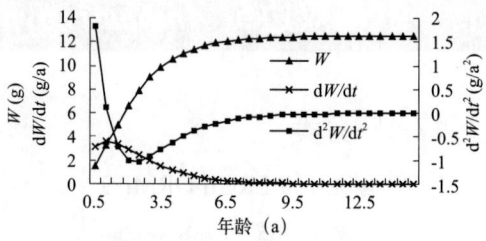

图17-2 长度生长速度和加速度曲线

图17-3 重量生长速度和加速度曲线

表17-3 重量生长拐点

调查年份	海区	拐点年龄 (a)	拐点重量 (g)	拐点对应长度 SL(mm)
1997–1998	珠江口	1.05	4.9	61

17.5 死亡与开发参数

表17-4 死亡与开发参数

调查年份	海区	M	Z	F	E	SL_{50}(mm)
1997–1998	珠江口	1.54	7.35	5.81	0.79	57

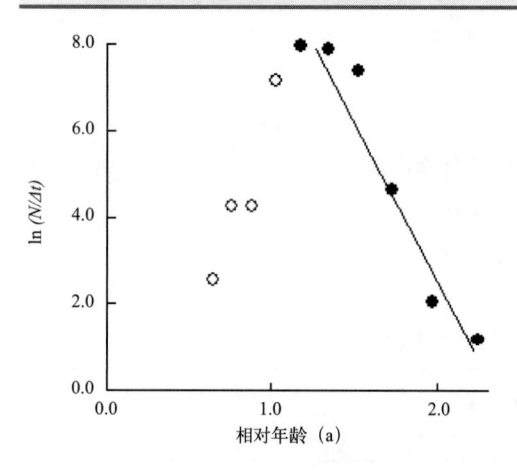

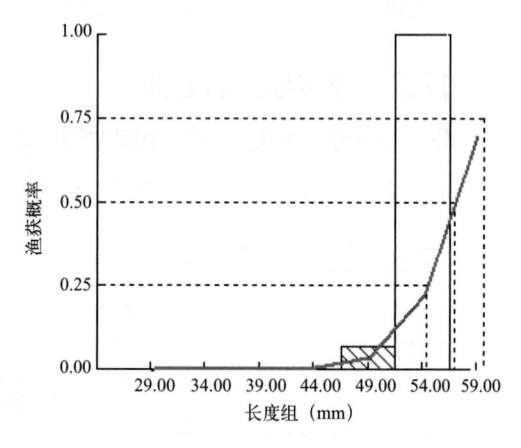

图17-4 长度变换渔获曲线图

(SL_{25}=54mm，SL_{50}=57mm，SL_{75}=60mm)
图17-5 渔获概率曲线图

17.6 单位补充量渔获量方程参数

表17-5 最大年龄 t_λ

实测法 (a)	Taylor 方法 (a)	Alverson 和 Carner 方法 (a)	自然死亡系数法 (a)	综合法 (a)
2.00	4.65	5.16	1.68	3.00

表 17-6　单位补充量渔获量方程相关参数

M	$t_r(a)$	$t_\lambda(a)$	$t_0(a)$	$W_\infty(g)$	K
1.54	0.316	3.00	−0.34	13	0.60

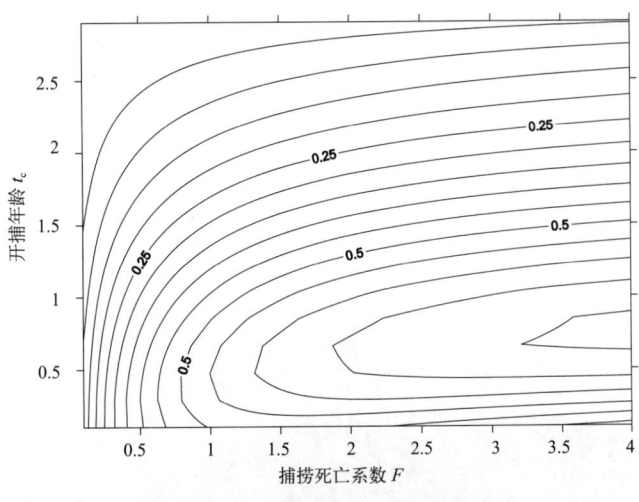

图17-6　单位补充量等渔获量曲线图

17.7　首次性成熟年龄与开捕年龄

表 17-7　首次性成熟年龄 t_m

Froese 法 (a)	实测法 (a)	综合取值 (a)	综合取值对应长度 SL_m(mm)
0.84	1.02	1.00	53

表 17-8　开捕年龄 t_c

个体性成熟法(a)	拐点年龄法(a)	等渔获量曲线法(a)	综合法(a)	开捕长度 SL_c(mm)	F 取值
1.00	1.05	0.65~0.80	0.80	53	5.80~13.00

18 短尾大眼鲷 *Priacanthus macracanthus* Cuvier, 1829

18.1 分类

分类：鲈形目 PERCIFORMES
　　　大眼鲷科 Priacanthidae
　　　大眼鲷属 *Priacanthus*

英文名：Red bigeye

俗称：大眼鸡，大眼圈，大目，红目连，目连，火点。

图18-1 短尾大眼鲷

18.2 分布与生活习性

分布：西太平洋。中国东海、南海及台湾海峡。

生活习性：暖水性。近海种类。生活于沿岸、近海底层或岩礁区。

18.3 长度重量关系

表 18-1 长度与重量参数

调查年份	海区	长度范围 SL(mm)	重量范围 (g)	年龄范围 (a)	长度重量关系 $W=aL^b$ a	b	备注
1964–1965	南海北部大陆架	/	/	0~3	5.034×10^{-5}	2.852	纯体重
1997–1999	南海北部	55~300	/	/	6.906×10^{-5}	2.795	
2005–2006	广东海域	69~210	10~240	/	5.979×10^{-5}	2.848	

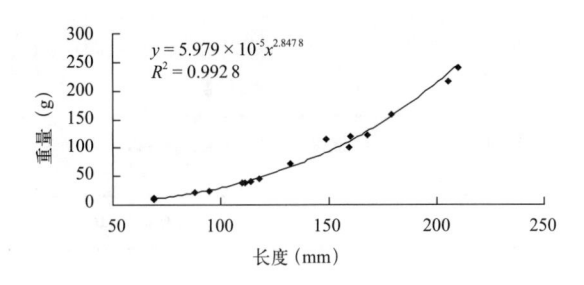

(2005-2006年广东海域调查)
图18-2 长度重量关系曲线图

18.4 生长方程

表18-2 生长方程参数

调查年份	海区	von Bertalanffy 生长方程参数（长度频率法）			备注
		SL_∞(mm)	K	t_0(a)	
1964-1965	南海北部大陆架	237	1.13	-0.13	年龄鉴定法(脊椎骨)
1982-1983	南海北部大陆架	285	0.31	-1.93	年龄鉴定法(1964-1965年脊椎骨)
1997-1999	南海北部	312	0.18	-0.89	长度频率法
2005-2006	广东海域	215	0.18	-0.91	长度频率法

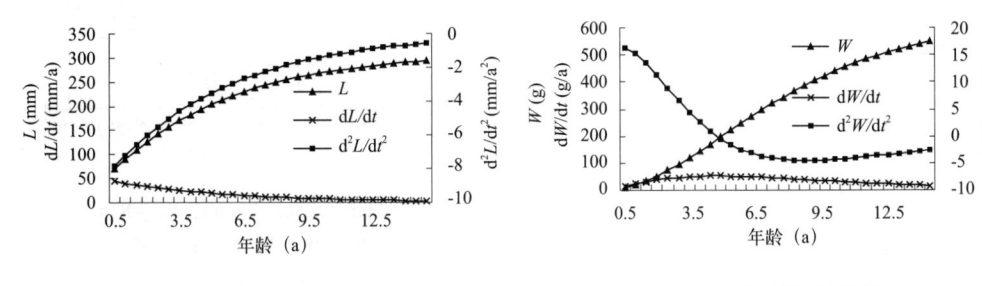

(1997-1999年南海北部调查)
图18-3 长度生长速度和加速度曲线

(1997-1999年南海北部调查)
图18-4 重量生长速度和加速度曲线

表18-3 重量生长拐点

调查年份	海区	拐点年龄(a)	拐点重量(g)	拐点对应长度 SL(mm)
1964-1965	南海北部大陆架	0.80	94	154
1982-1983	南海北部大陆架	2.42	159	185
1997-1999	南海北部	4.82	208	200
2005-2006	广东海域	4.91	83	140

18.5 繁殖

表 18-4 繁殖参数

性成熟最小长度 SL(mm)	产卵期（月份）	产卵盛期（月份）	个体繁殖力（万粒）	备注
140~170	3—8	4—7	4.96~37.40	综合历年调查

18.6 死亡与开发参数

表 18-5 死亡与开发参数

调查年份	海区	M	Z	F	E	SL_{50}(mm)
1997—1999	南海北部	0.52	0.74	0.22	0.30	79

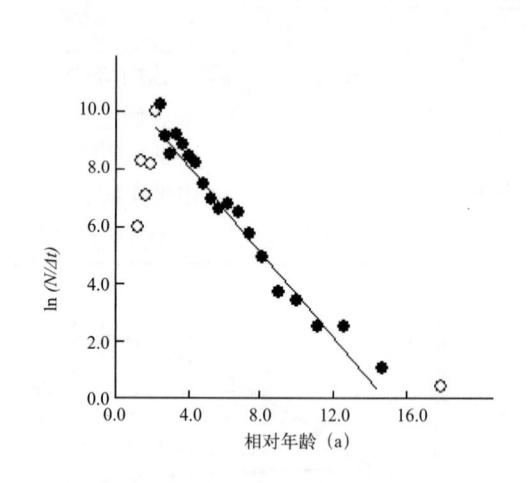

图18-5 长度变换渔获曲线图

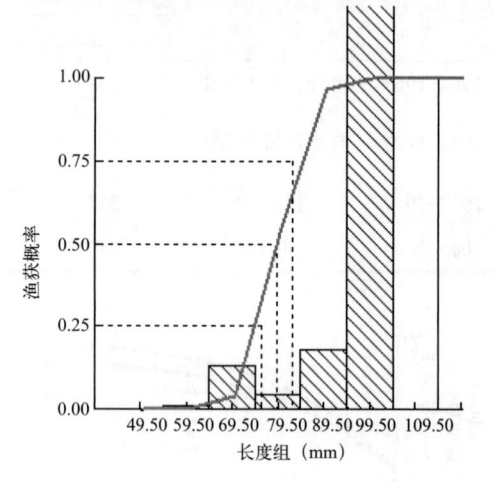

(SL_{25}=76mm，SL_{50}=79mm，SL_{75}=83mm)
图18-6 渔获概率曲线图

18.7 单位补充量渔获量方程参数

表 18-6 最大年龄 t_λ

实测法 (a)	Taylor 方法 (a)	Alverson 和 Carner 方法 (a)	自然死亡系数法 (a)	综合法 (a)
5.00	15.75	15.83	4.96	6.00

表 18-7 单位补充量渔获量方程相关参数

M	t_r(a)	t_λ(a)	t_0(a)	W_∞(g)	K
0.52	0.521	6.00	−0.89	646	0.18

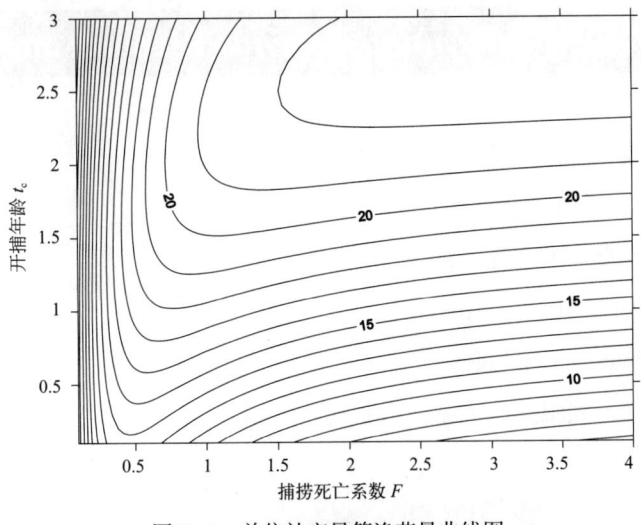

图18-7 单位补充量等渔获量曲线图

18.8 首次性成熟年龄与开捕年龄

表18-8 首次性成熟年龄 t_m

Froese 法 (a)	实测法 (a)	综合取值 (a)	综合取值对应长度 SL_m(mm)
1.73	2.42	1.80	120

表18-9 开捕年龄 t_c

个体性成熟法 (a)	拐点年龄法 (a)	等渔获量曲线法 (a)	综合法 (a)	开捕长度 SL_c(mm)	F取值
1.80	4.82	0.00~1.07	1.80	120	0.56~1.37

19 长尾大眼鲷 *Priacanthus tayenus* Richardson, 1846

19.1 分类

分类：鲈形目 PERCIFORMES

　　　　大眼鲷科 Priacanthidae

　　　　　大眼鲷属 *Priacanthus*

英文名：Purple-spotted bigeye

俗称：大眼鸡，大眼圈，大眼，大目连，红目连。

图19-1 长尾大眼鲷

19.2 分布与生活习性

分布：印度-西太平洋。中国东海、南海及台湾海峡。

生活习性：暖水性。近海种类。生活于沿岸、近海底层或岩礁区域。

19.3 长度重量关系

表 19-1 长度与重量参数

调查年份	海区	长度范围 SL(mm)	重量范围 (g)	年龄范围 (a)	长度重量关系 $W=aL^b$ a	b	备注
1964–1965	南海北部大陆架	/	/	0~3	6.790×10^{-5}	2.797	纯体重
2005–2006	广东海域	93~267	24~419	/	6.847×10^{-5}	2.814	

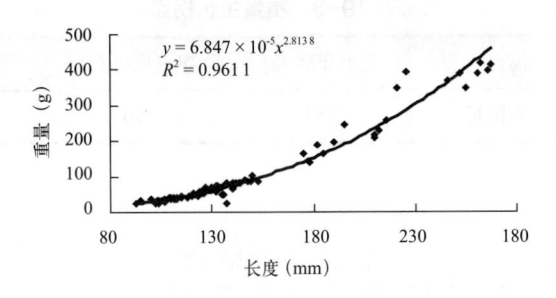

(2005-2006年广东海域调查)
图19-2　长度重量关系曲线图

19.4　生长方程

表19-2　生长方程参数

调查年份	海区	von Bertalanffy 生长方程参数（长度频率法）			备注
		SL_∞(mm)	K	t_0(a)	
1964-1965	南海北部大陆架	260	0.52	−0.29	年龄鉴定法（脊椎骨）
1982-1983	南海北部大陆架	275	0.31	−1.80	年龄鉴定法
2005-2006	广东海域	281	0.35	−0.42	长度频率法
2004	北部湾	294	0.65	−0.42	孙典荣等

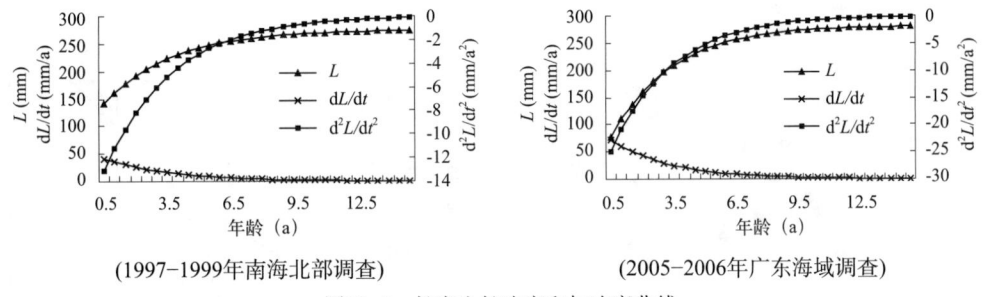

(1997-1999年南海北部调查)　　　　　　(2005-2006年广东海域调查)
图19-3　长度生长速度和加速度曲线

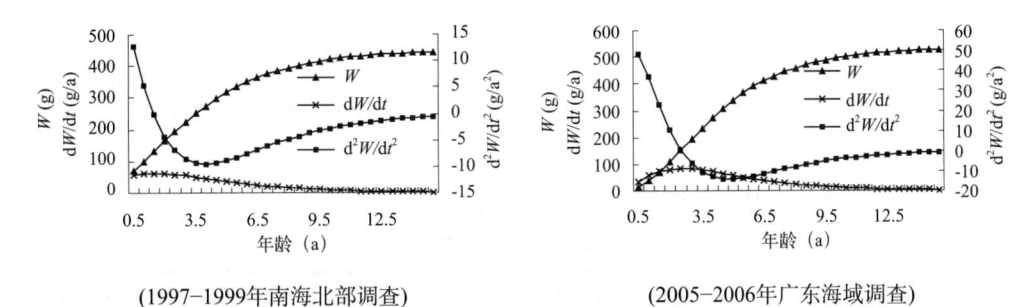

(1997-1999年南海北部调查)　　　　　　(2005-2006年广东海域调查)
图19-4　重量生长速度和加速度曲线

表 19-3 重量生长拐点

调查年份	海区	拐点年龄 (a)	拐点重量 (g)	拐点对应长度 SL(mm)
2005—2006	广东海域	2.53	170	181

19.5 繁殖

表 19-4 繁殖参数

调查年份	海区	性成熟最小年龄 (a)	性成熟最小长度 SL(mm)	产卵期（月份）	产卵盛期（月份）	个体繁殖力（万粒）
1964—1965	南海北部大陆架	0~1	120	5—7	5—7	2.23~12.65
1982—1983	南海北部大陆架	1	130	4—8	5—7	2.23~12.65

19.6 死亡与开发参数

表 19-5 死亡与开发参数

调查年份	海区	M	Z	F	E	SL_{50}(mm)
1997—1998	珠江口	0.83	1.65	0.82	0.50	97

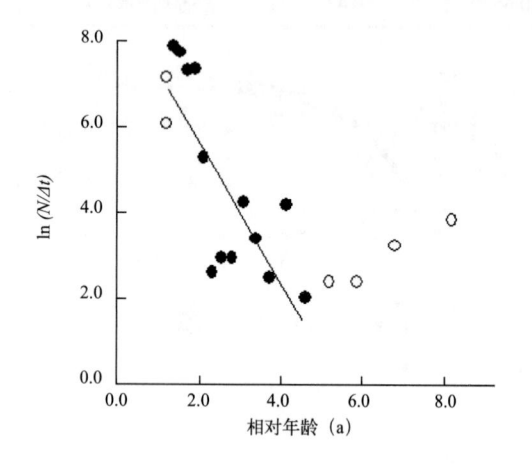

图19-5 长度变换渔获曲线图

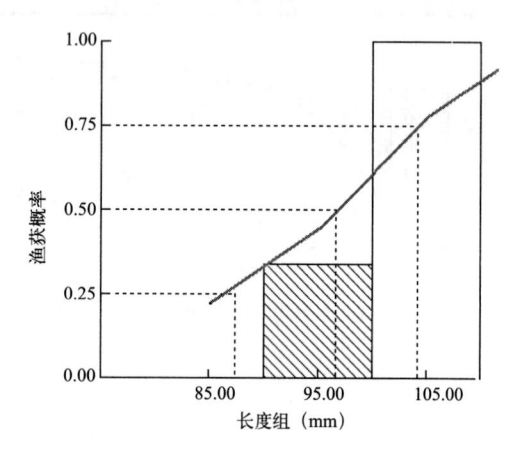

(SL_{25}=87mm，SL_{50}=97mm，SL_{75}=104mm)
图19-6 渔获概率曲线图

19.7 单位补充量渔获量方程参数

表 19-6 最大年龄 t_λ

实测法 (a)	Taylor 方法 (a)	Alverson 和 Carner 方法 (a)	自然死亡系数法 (a)	综合法 (a)
5.00	8.14	9.37	3.13	6.00

表 19-7　单位补充量渔获量方程相关参数

M	t_r(a)	t_λ(a)	t_0(a)	W_∞(g)	K
0.83	0.725	6.00	−0.42	533	0.35

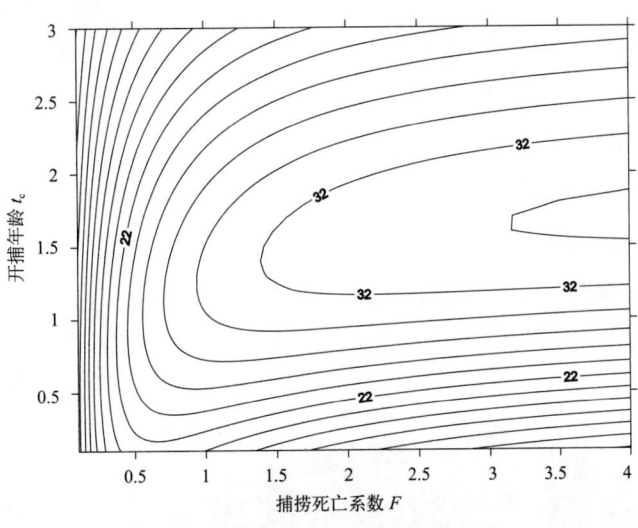

图19-7　单位补充量等渔获量曲线图

19.8　首次性成熟年龄与开捕年龄

表 19-8　首次性成熟年龄 t_m

Froese 法 (a)	实测法 (a)	综合取值 (a)	综合取值对应长度 SL_m(mm)
1.73	1.17	1.17	120

表 19-9　开捕年龄 t_c

个体性成熟法 (a)	拐点年龄法 (a)	等渔获量曲线法 (a)	综合法 (a)	开捕长度 SL_c(mm)	F 取值
1.17	2.53	0.41~1.19	1.18	121	0.80~2.19

20 及达副叶鲹 *Alepes djedaba* (Forsskål, 1775)

20.1 分类

分类：鲈形目 PERCIFORMES
　　　鲹科 Carangidae
　　　　副叶鲹属 *Alepes*

同种异名：*Caranx kalla* Cuvier, 1833，*Caranx djedabba* (Forsskål, 1775)
英文名：Shrimp scad
俗称：吉尾，黄尾，赤尾，甘仔鱼。

图20-1　及达副叶鲹

20.2 分布与生活习性

分布：印度-西太平洋。中国东海、南海及台湾海峡。
生活习性：暖水性。浅海种类。常于沿岸礁区附近群集。

20.3 长度重量关系

表 20-1　长度与重量参数

调查年份	海区	长度范围 FL(mm)	长度重量关系 $W=aL^b$	
			a	b
1987	珠江口	43~136	4.850×10^{-5}	2.758
1997—1998	珠江口	32~128	1.173×10^{-5}	3.065

20.4 生长方程

表 20-2 生长方程参数

调查年份	海区	von Bertalanffy 生长方程参数（长度频率法）		
		L_∞(mm)	K	t_0(a)
1987	珠江口	153	0.40	−0.48
1997−1998	珠江口	157	0.52	−0.36

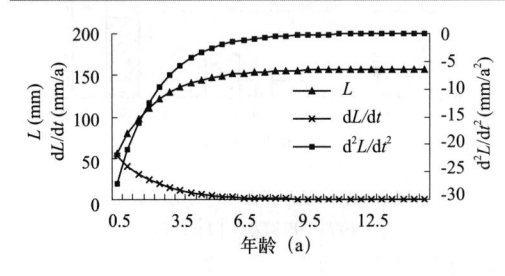

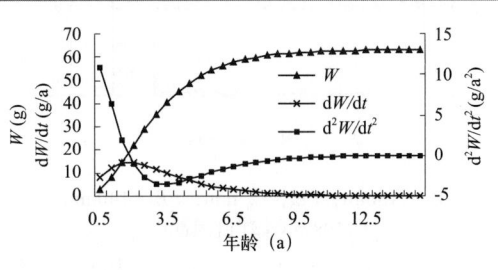

(1997−1998年珠江口调查)
图20-2　长度生长速度和加速度曲线

(1997−1998年珠江口调查)
图20-3　重量生长速度和加速度曲线

表 20-3 重量生长拐点

调查年份	海区	拐点年龄 (a)	拐点重量 (g)	拐点对应长度 FL(mm)
1987	珠江口	2.06	17	98
1997−1998	珠江口	1.79	18	106

20.5 死亡与开发参数

表 20-4 死亡与开发参数

调查年份	海区	M	Z	F	E	FL_{50}(mm)
1987	珠江口	1.27	2.66	1.39	0.52	77
1997−1998	珠江口	1.07	2.19	1.12	0.51	127

(1987年珠江口调查)

(1997−1998珠江口调查)

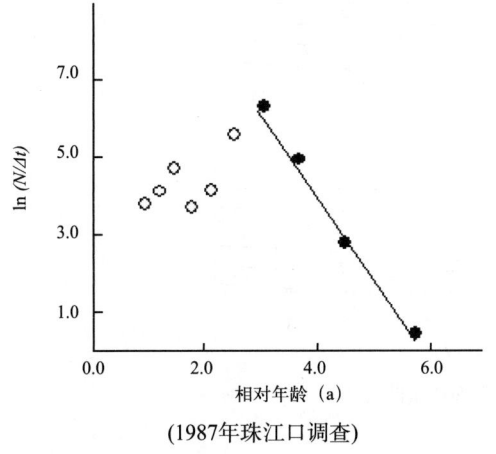

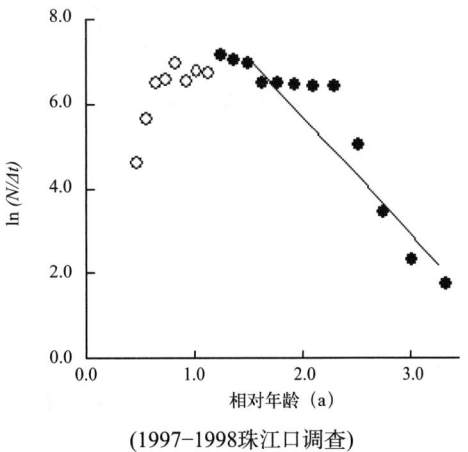

图20-4　长度变换渔获曲线图

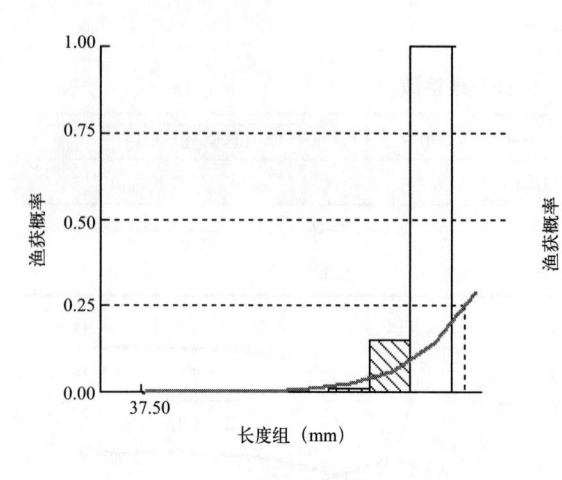

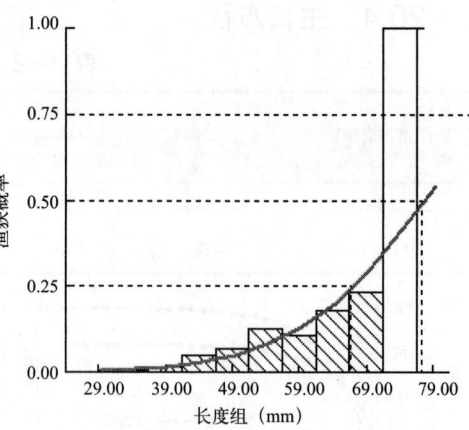

(FL_{25}=115mm, FL_{50}=127mm, FL_{75}=140mm, 1987年珠江口调查)

(FL_{25}=67mm, FL_{50}=77mm, FL_{75}=88mm, 1997—1998珠江口调查)

图20-5 渔获概率曲线图

20.6 单位补充量渔获量方程参数

表20-5 最大年龄 t_λ

实测法 (a)	Taylor 方法 (a)	Alverson 和 Carner 方法 (a)	自然死亡系数法 (a)	综合法 (a)
2.00	5.40	6.92	2.42	3.00

表20-6 单位补充量渔获量方程相关参数

M	t_c(a)	t_λ(a)	t_0(a)	W_∞(g)	K
1.07	0.123	3.00	−0.36	63	0.52

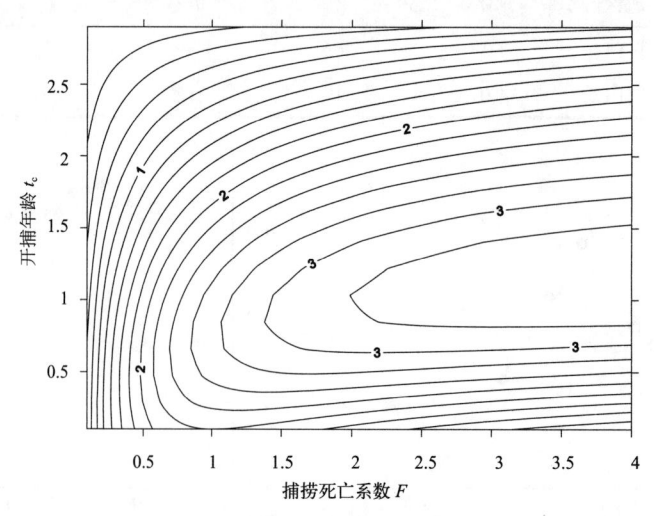

图20-6 单位补充量等渔获量曲线图

20.7 首次性成熟年龄与开捕年龄

表 20-7 首次性成熟年龄 t_m

Froese 法 (a)	实测法 (a)	综合取值 (a)	综合取值对应长度 FL_m(mm)
0.84	0.80	0.80	71

表 20-8 开捕年龄 t_c

个体性成熟法 (a)	拐点年龄法 (a)	等渔获量曲线法 (a)	综合法 (a)	开捕长度 SL_c(mm)	F 取值
0.80	1.79	0.19~0.8	0.80	71	1.11~2.91

21 颌圆鲹 *Decapterus lajang* Bleeker, 1855

21.1 分类

分类：鲈形目 PERCIFORMES

　　　　鲹科 Caranginae

　　　　　　圆鲹属 *Decapterus*

英文名：Indian scad

俗称：红赤尾，拉洋圆鲹。

图21-1　颌圆鲹

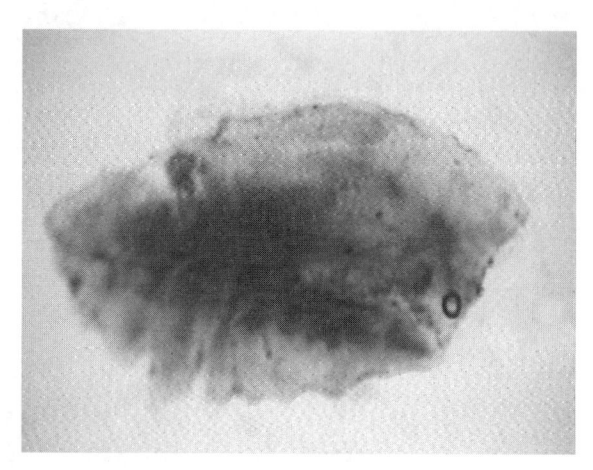

图21-2　耳石

21.2 分布与生活习性

分布：印度-西太平洋。中国东海、南海及台湾海峡。

生活习性：暖水性。中下层种类。栖息水深40~275 m海域，喜在深水区集群。

21.3 长度重量关系

表21-1 长度与重量参数

调查年份	海区	长度范围 FL(mm)	重量范围 (g)	年龄范围 (a)	长度重量关系 $W=aL^b$ a	b
1982–1983	南海北部大陆架	/	/	0~5	3.422×10^{-6}	3.230
2005–2006	广东海域	92~248	6.0~186		4.145×10^{-7}	3.631

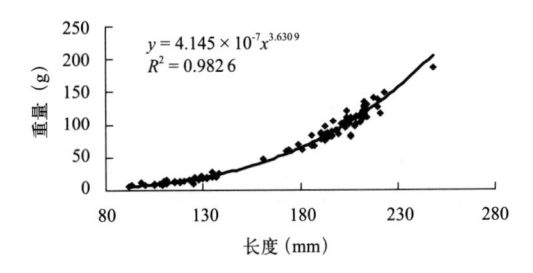

(2005-2006年广东海域调查)

图21-3 长度重量关系曲线图

21.4 生长方程

表21-2 生长方程参数

调查年份	海区	von Bertalanffy 生长方程参数（长度频率法） FL_∞(mm)	K	t_0(a)	备注
1982–1983	南海北部大陆架	303	0.27	-1.63	年龄鉴定法(鳞片)
2005–2006	广东海域	255	0.76	-0.22	长度频率法

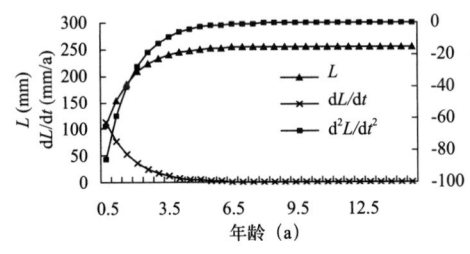

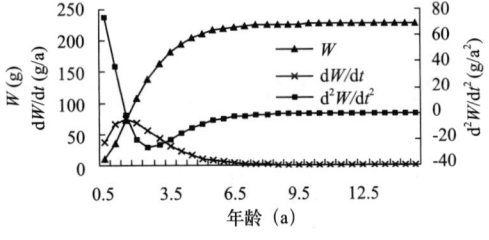

(2005-2006年广东海域调查)
图21-4 长度生长速度和加速度曲线

(2005-2006年广东海域调查)
图21-5 重量生长速度和加速度曲线

表21-3 重量生长拐点

调查年份	海区	拐点年龄(a)	拐点重量(g)	拐点对应长度 FL(mm)
1982–1983	南海北部大陆架	2.71	96	209
2005–2006	广东海域	1.48	52	185

21.5 繁殖

表 21-4 繁殖参数

调查年份	海区	性成熟最小年龄 (a)	性成熟最小长度 FL(mm)	产卵期（月份）	个体繁殖力（万粒）
1982–1983	南海北部大陆架	1	180	3—5	2~12

21.6 死亡与开发参数

表 21-5 死亡与开发参数

调查年份	海区	M	Z	F	E	FL_{50}(mm)
2005–2006	广东海域	1.43	4.32	2.89	0.67	222

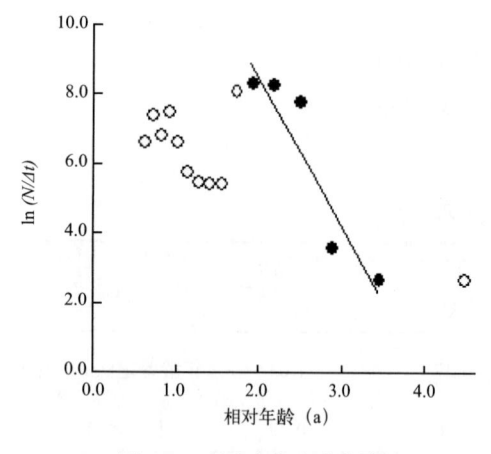

图21-6 长度变换渔获曲线图

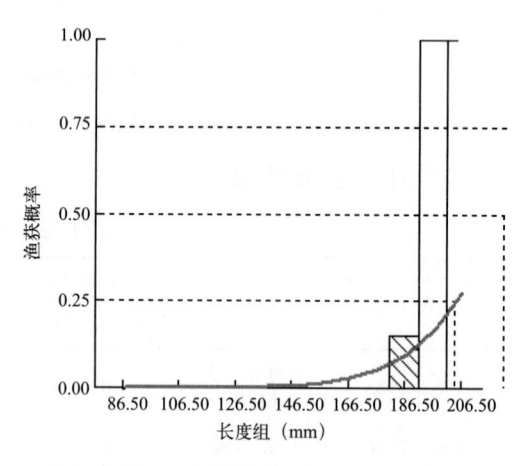

(FL_{25}=204mm，FL_{50}=222mm，FL_{75}=240mm)
图21-7 渔获概率曲线图

21.7 单位补充量渔获量方程参数

表 21-6 最大年龄 t_λ

实测法 (a)	Taylor 方法 (a)	Alverson 和 Carner 方法 (a)	自然死亡系数法 (a)	综合法 (a)
4.00	3.73	5.02	1.81	4.00

表 21-7 单位补充量渔获量方程相关参数

M	t_r(a)	t_λ(a)	t_0(a)	W_∞(g)	K
1.43	0.357	4.00	−0.22	227	0.76

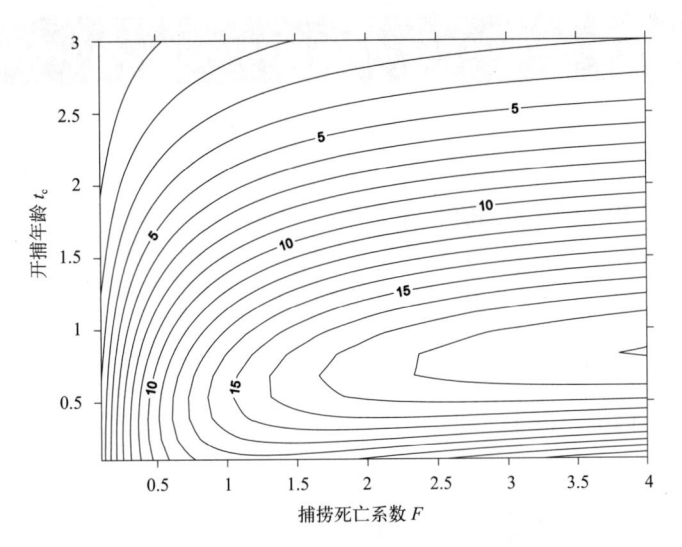

图21-8 单位补充量等渔获量曲线图

21.8 首次性成熟年龄与开捕年龄

表 21-8 首次性成熟年龄 t_m

Froese 法 (a)	实测法 (a)	综合取值 (a)	综合取值对应长度 FL_m(mm)
1.13	0.95	0.95	150

表 21-9 开捕年龄 t_c

个体性成熟法 (a)	拐点年龄法 (a)	等渔获量曲线法 (a)	综合法 (a)	开捕长度 FL_c(mm)	F 取值
0.95	1.48	0.52~0.78	0.78	150	2.78~6.90

22　蓝圆鲹 *Decapterus maruadsi* (Temminck & Schlegel, 1844)

22.1　分类

分类：鲈形目 PERCIFORMES

　　　　鲹科 Caranginae

　　　　　圆鲹属 *Decapterus*

英文名：Japanese scad

俗称：池鱼，巴浪，棍子，竹景。

图22-1　蓝圆鲹

图22-2　耳石

22.2　分布与生活习性

分布：印度 - 西太平洋。中国沿海。

生活习性：暖水性。中上层种类。主要栖息于近海，喜集群于礁区周围。

22.3 长度重量关系

表 22-1 长度与重量参数

调查年份	海区	长度范围 (mm)	重量范围 (g)	年龄范围 (a)	长度重量关系 $W=aL^b$ a	b	备注
1964–1965	南海北部陆架区	SL:/	/	0~5	$2.651×10^{-5}$	2.890	纯体重
1982–1983	南海北部大陆架	SL:/	/	1~5	$8.716×10^{-6}$	3.061	
1997–1999	南海北部	FL:32~300	/	/	$1.179×10^{-5}$	3.030	
2005–2006	广东海域	FL:60~266	2.0~244	/	$2.733×10^{-6}$	3.307	$TL=1.1464FL-6.6324$

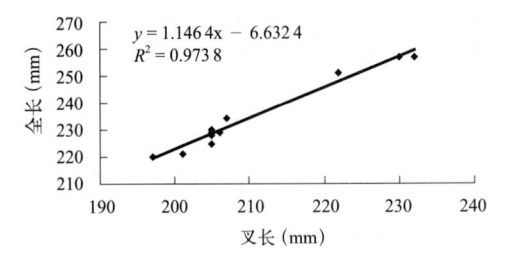

(2005–2006年广东海域调查)
图22-3 叉长全长关系曲线图

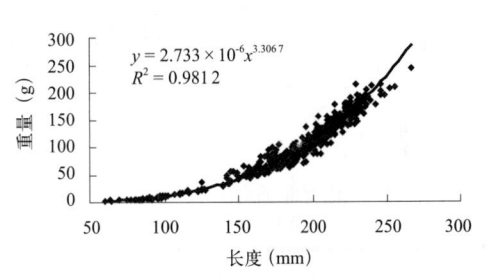

(2005–2006年广东海域调查)
图22-4 长度重量关系曲线图

22.4 生长方程

表 22-2 生长方程参数

调查年份	海区	von Bertalanffy 生长方程参数（长度频率法） L_∞(mm)	K	t_0(a)	备注
1964–1965	南海北部大陆架	SL: 269	0.40	−0.96	年龄鉴定法（鳞片）
1982–1983	南海北部大陆架	SL: 300	0.29	−1.70	年龄鉴定法（鳞片）
1997–1999	南海北部	FL: 325	0.40	−0.39	长度频率法
2005–2006	广东海域	FL: 299	0.48	−0.33	长度频率法

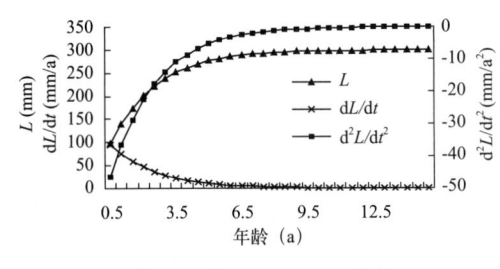

(2005–2006年广东海域调查)
图22-5 长度生长速度和加速度曲线

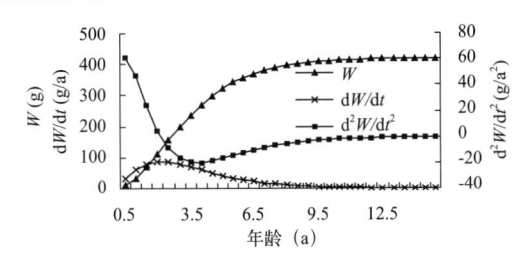

(2005–2006年广东海域调查)
图22-6 重量生长速度和加速度曲线

表 22-3 重量生长拐点

调查年份	海区	拐点年龄 (a)	拐点重量 (g)	拐点对应长度 SL(mm)
1964—1965	南海北部大陆架	1.69	86	SL: 176
1982—1983	南海北部大陆架	2.51	129	SL: 215
1997—1999	南海北部	1.98	123	FL: 202
2005—2006	广东海域	1.62	55	FL: 174

22.5 繁殖

表 22-4 繁殖参数

调查年份	海区	性成熟最小年龄 (a)	性成熟最小长度 SL(mm)	产卵期（月份）	产卵盛期（月份）	个体繁殖力（万粒）
1964—1964	南海北部大陆架	1	120~140	10—8	2—5	1.10~3.52
1982—1983	南海北部大陆架	1	155	1—6	2—3	7.00

22.6 死亡与开发参数

表 22-5 死亡与开发参数

调查年份	海区	M	Z	F	E	FL_{50}(mm)
1997—1999	南海北部	0.87	2.28	1.41	0.62	160
2005—2006	广东海域	1.01	2.99	1.98	0.66	195

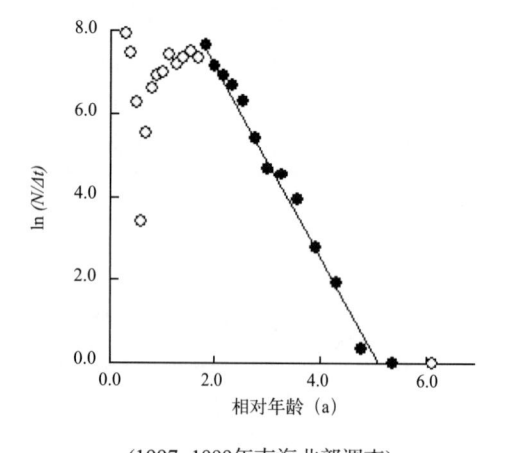

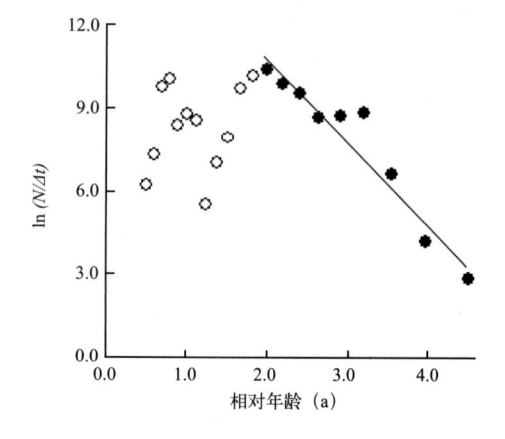

(1997-1999年南海北部调查)   (2005-2006年广东海域调查)

图22-7 长度变换渔获曲线图

(FL_{25}=137mm，FL_{50}=160mm，FL_{75}=184mm，
1997-1999年南海北部调查)

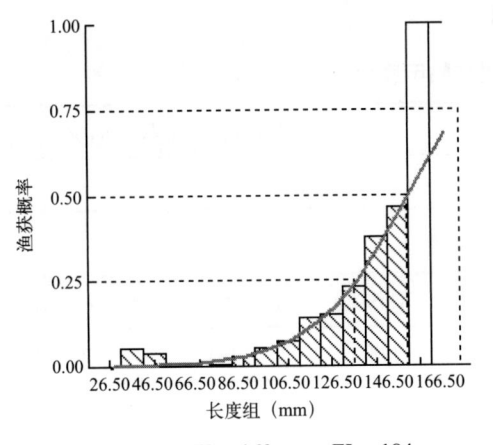

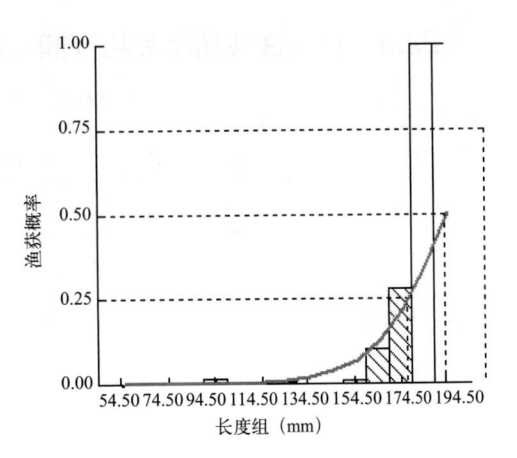

(FL_{25}=177mm，FL_{50}=195mm，FL_{75}=212mm，
2005-2006年广东海域调查)

图22-8 渔获概率曲线图

22.7 单位补充量渔获量方程参数

表22-6 最大年龄 t_λ

实测法 (a)	Taylor 方法 (a)	Alverson 和 Carner 方法 (a)	自然死亡系数法 (a)	综合法 (a)
4.00	5.91	7.38	2.56	5.00

表22-7 单位补充量渔获量方程相关参数

M	t_r(a)	t_λ(a)	t_0(a)	W_∞(g)	K
1.01	0.136	5.00	−0.33	420	0.48

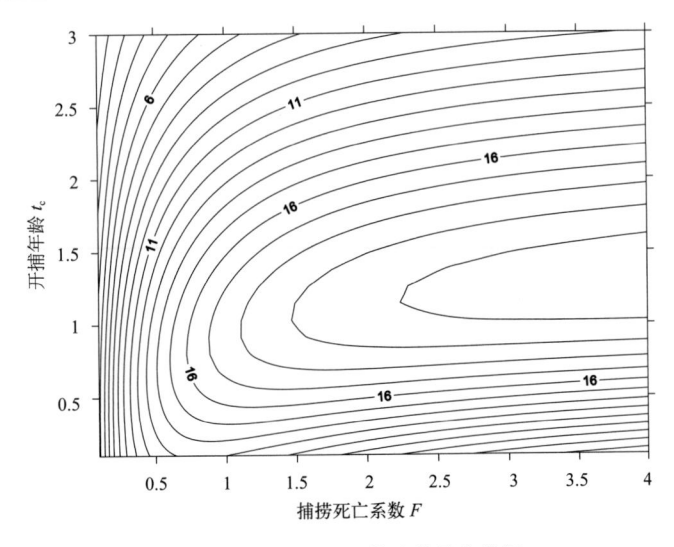

图22-9 单位补充量等渔获量曲线图

22.8 首次性成熟年龄与开捕年龄

表 22-8 首次性成熟年龄 t_m

Froese 法 (a)	实测法 (a)	综合取值 (a)	综合取值对应长度 FL_m(mm)
1.43	0.74	0.74	120

表 22-9 开捕年龄 t_c

个体性成熟法 (a)	拐点年龄法 (a)	等渔获量曲线法 (a)	综合法 (a)	开捕长度 FL_c(mm)	F 取值
0.74	1.62	0.76~1.14	1.00	141	1.23~3.23

23 乌鲳 *Parastromateus niger* (Bloch, 1795)

23.1 分类

分类：鲈形目 PERCIFORMES

鲹科 Carangidae

乌鲳属 *Parastromateus*

同种异名：*Formio niger* (Bloch, 1795)

英文名：Black pomfret

俗称：黑鲳，鸡鲳，龟鲳，牛鲳，假鲳，铁板鲳，乌鳞鲳。

图23-1 乌鲳

23.2 分布与生活习性

分布：印度 - 西太平洋。中国沿海。

生活习性：暖水性。浅海种类。栖息于100 m以浅泥底、岩礁海区，也进入河口。

23.3 长度重量关系

表23-1 长度与重量参数

调查年份	海区	长度范围 *FL*(mm)	重量范围 (g)	长度重量关系 $W=aL^b$ a	b
1987	珠江口	54~442	/	$7.291×10^{-5}$	2.823
2005-2006	广东海域	63~256	12~537	$1.923×10^{-4}$	2.658

23.4 生长方程

表 23-2 生长方程参数

调查年份	海区	von Bertalanffy 生长方程参数（长度频率法）		
		FL_∞(mm)	K	t_0(a)
1987	珠江口	480	0.16	−0.92

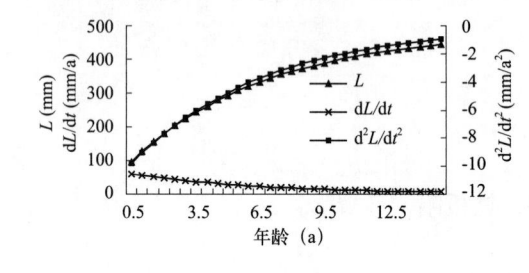

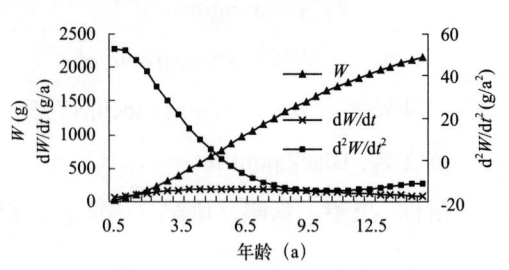

图 23-2 长度生长速度和加速度曲线

图 23-3 重量生长速度和加速度曲线

表 23-3 重量生长拐点

调查年份	海区	拐点年龄 (a)	拐点重量 (g)	拐点对应长度 FL(mm)
1987	珠江口	5.57	861	310

23.5 死亡与开发参数

表 23-4 死亡与开发参数

调查年份	海区	M	Z	F	E	FL_{50}(mm)
1987	珠江口	0.23	0.69	0.46	0.67	74

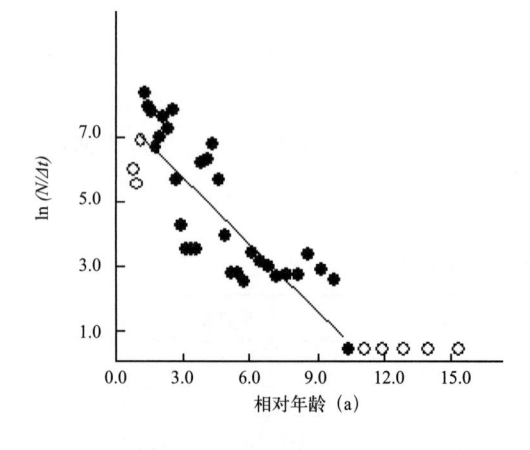

图 23-4 长度变换渔获曲线图

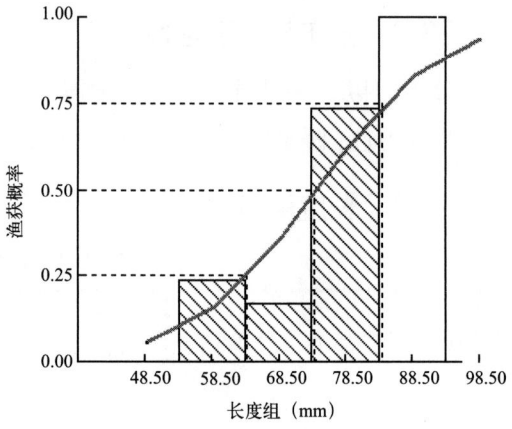

(FL_{25}=64mm，FL_{50}=74mm，FL_{75}=84mm）
图 23-5 渔获概率曲线图

23.6 单位补充量渔获量方程参数

表 23-5 最大年龄 t_λ

实测法 (a)	Taylor 方法 (a)	Alverson 和 Carner 方法 (a)	自然死亡系数法 (a)	综合法 (a)
6.00	17.81	28.18	11.16	8.00

表 23-6 单位补充量渔获量方程相关参数

M	t_r(a)	t_λ(a)	t_0(a)	W_∞(g)	K
0.23	0.065	8.00	−0.92	2704	0.16

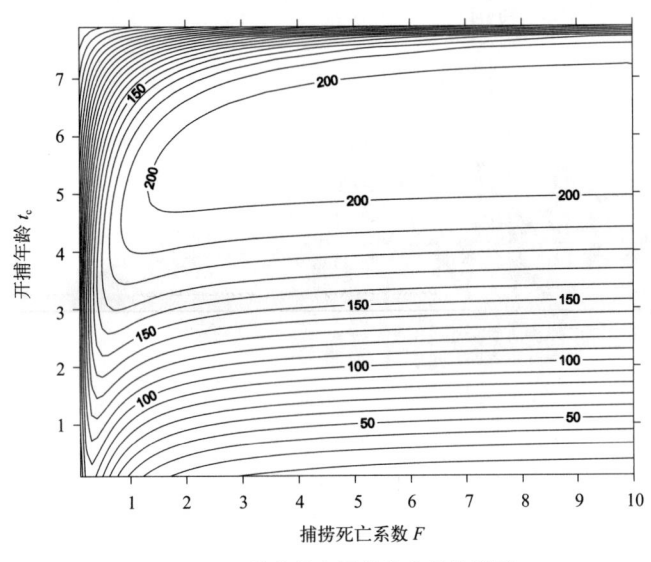

图23-6 单位补充量等渔获量曲线图

23.7 首次性成熟年龄与开捕年龄

表 23-7 首次性成熟年龄 t_m

Froese 法 (a)	实测法 (a)	综合取值 (a)	综合取值对应长度 FL_m(mm)
2.34	1.20	1.20	138

表 23-8 开捕年龄 t_c

个体性成熟法 (a)	拐点年龄法 (a)	等渔获量曲线法 (a)	综合法 (a)	开捕长度 FL_c(mm)	F 取值
0.88	5.57	1.79~3.68	1.50	154	0.08~0.41

24 竹荚鱼 *Trachurus japonicus* (Temminck & Schlegel, 1844)

24.1 分类

分类：鲈形目 PERCIFORMES
  鲹科 Carangidae
    竹荚鱼属 *Trachurus*

英文名：Japanese jack mackerel

俗称：大眼池，巴浪，马鲭鱼。

图24-1 竹荚鱼

图24-2 耳石

24.2 分布与生活习性

分布：西北太平洋。中国沿海。

生活习性：暖水性。近海中上层洄游种类。

24.3 长度重量关系

表24-1 长度与重量参数

调查年份	海区	长度范围 FL(mm)	重量范围 (g)	年龄范围 (a)	长度重量关系 $W=aL^b$ a	b	备注
1982–1983	南海北部大陆架	/	/	1~5	1.084×10^{-5}	3.037	
1997–1999	南海北部	90~290	/	/	3.352×10^{-5}	2.844	
2005–2006	广东海域	48~298	1.9~384	/	5.069×10^{-6}	3.202	$TL=1.0982FL-0.3116$

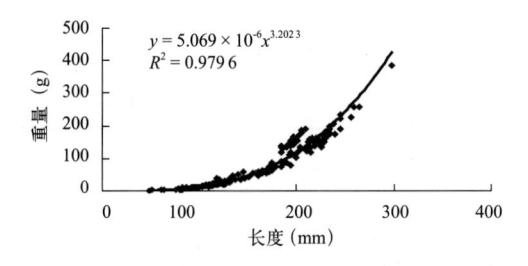

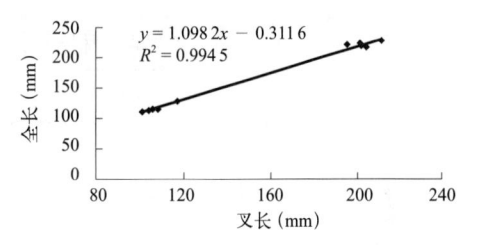

(2005-2006年广东海域调查)
图24-3 长度重量关系曲线图

(2005-2006年广东海域调查)
图24-4 叉长全长关系曲线图

24.4 生长方程

表24-2 生长方程参数

调查年份	海区	von Bertalanffy 生长方程参数（长度频率法） FL_∞(mm)	K	t_0(a)	备注
1982–1983	南海北部大陆架	321	0.22	-2.61	年龄鉴定法(鳞片)
1997–1999	南海北部	311	0.45	-0.35	长度频率法
2005–2006	广东海域	308	0.26	-0.62	长度频率法

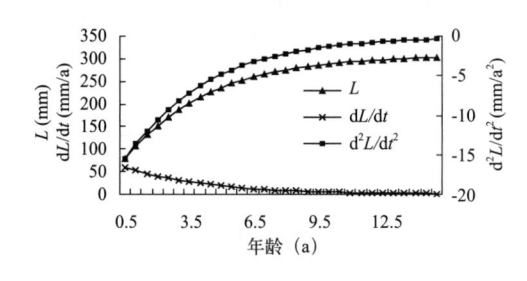

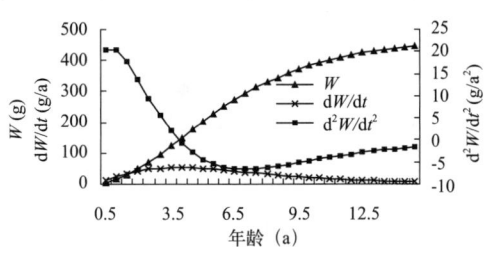

(2005-2006年广东海域调查)
图24-5 长度生长速度和加速度曲线

(2005-2006年广东海域调查)
图24-6 重量生长速度和加速度曲线

表 24-3　重量生长拐点

调查年份	海区	拐点年龄 (a)	拐点重量 (g)	拐点对应长度 FL(mm)
1982–1983	南海北部大陆架	2.51	129	215
1997–1999	南海北部	1.98	130	202
2005–2006	广东海域	1.62	55	174

24.5　繁殖

表 24-4　繁殖参数

性成熟最小年龄 (a)	产卵期（月份）	产卵盛期（月份）	备注
0~1	10—4	12—1	综合历年调查

24.6　死亡与开发参数

表 24-5　死亡与开发参数

调查年份	海区	M	Z	F	E	FL_{50}(mm)
1997–1999	南海北部	0.95	2.31	1.36	0.59	143
2005–2006	广东海域	0.67	1.59	0.92	0.58	238

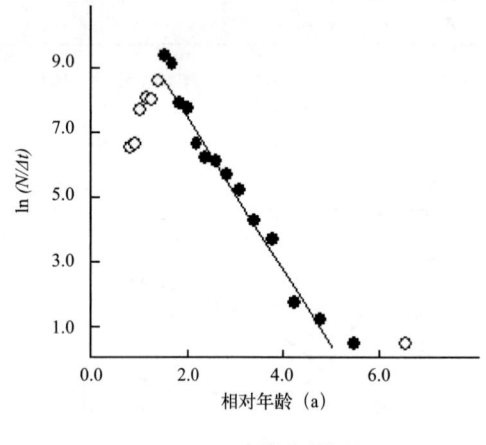

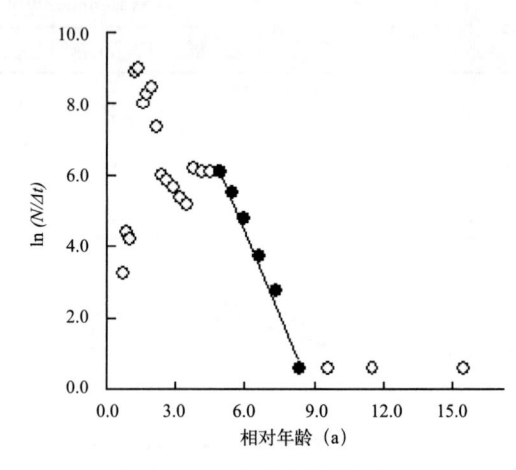

(1997-1999南海北部调查)　　　　(2005-2006年广东海域调查)

图24-7　长度变换渔获曲线图

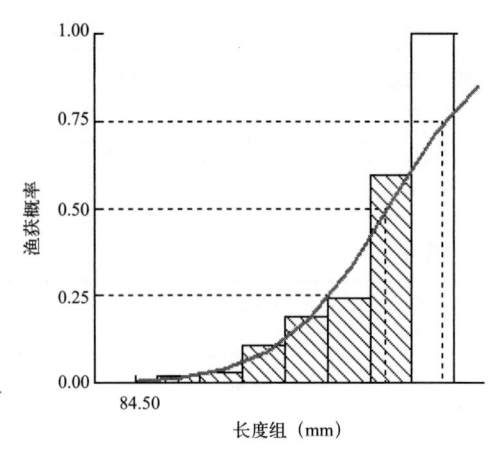

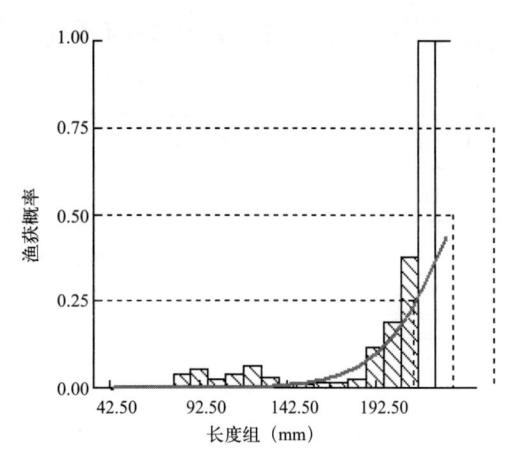

(FL_{25}=130mm，FL_{50}=143mm，FL_{75}=157mm，
1997—1999南海北部调查)

(FL_{25}=215mm，FL_{50}=238mm，FL_{75}=261mm，
2005—2006年广东海域调查)

图24-8 渔获概率曲线图

24.7 单位补充量渔获量方程参数

表24-6 最大年龄 t_λ

实测法 (a)	Taylor 方法 (a)	Alverson 和 Carner 方法 (a)	自然死亡系数法 (a)	综合法 (a)
4.00	10.91	11.88	3.86	5.00

表24-7 单位补充量渔获量方程相关参数

M	t_r(a)	t_λ(a)	t_0(a)	W_∞(g)	K
0.67	0.064	5.00	−0.62	472	0.26

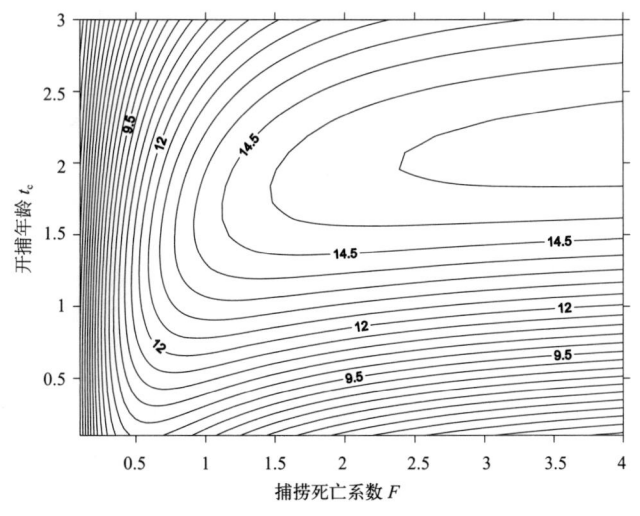

图24-9 单位补充量等渔获量曲线图

24.8 首次性成熟年龄与开捕年龄

表 24-8 首次性成熟年龄 t_m

Froese 法 (a)	实测法 (a)	综合取值 (a)	综合取值对应长度 FL_m(mm)
1.43	1.00	1.00	106

表 24-9 开捕年龄 t_c

个体性成熟法 (a)	拐点年龄法 (a)	等渔获量曲线法 (a)	综合法 (a)	开捕长度 FL_c(mm)	F 取值
1.00	1.62	0.75~1.57	1.00	106	0.35~1.15

25　二长棘犁齿鲷 *Evynnis cardinalis* (Lacepède, 1802)

25.1　分类

分类：鲈形目 PERCIFORMES

　　　　鲷科 Sparidae

　　　　　犁齿鲷属 *Evynnis*

英文名：Threadfin porgy

俗称：立鱼，红立国，生仔，板立，长旗。

图25-1　二长棘犁齿鲷

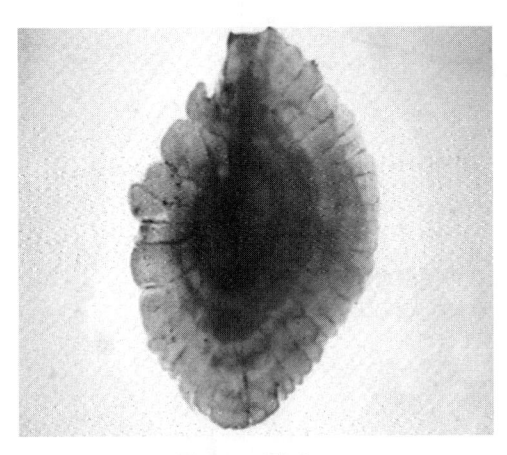

图25-2　耳石

图25-3　鳞片

25.2 分布与生活习性

分布：西太平洋。中国东海和南海。

生活习性：暖水性。底层种类。栖息于水深 100 m 以浅粗糙或岩礁海底。

25.3 长度重量关系

表 25-1 长度与重量参数

调查年份	海区	长度范围 SL(mm)	重量范围 (g)	年龄范围 (a)	长度重量关系 $W=aL^b$ a	b	备注
1964-1965	南海北部大陆架	/	/	0~6	1.209×10^{-5}	3.620	纯体重
1982-1983	南海北部大陆架	/	/	/	4.580×10^{-5}	2.970	
2005-2006	广东海域	55~180	5.4~312	/	2.463×10^{-5}	3.104	$FL=1.0099SL+16.2474$ $TL=1.3638SL-14.065$

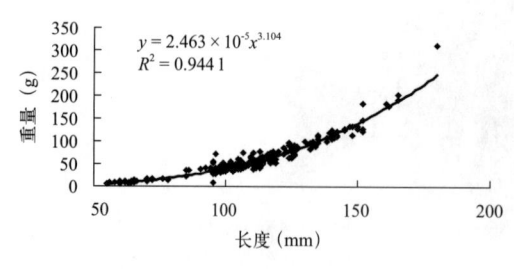

$y = 2.463 \times 10^{-5} x^{3.104}$
$R^2 = 0.9441$

(2005-2006年广东海域调查)
图25-4 长度重量关系曲线图

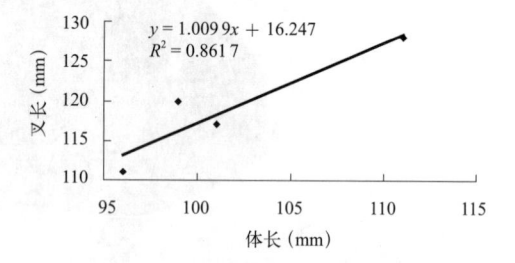

$y = 1.0099x + 16.247$
$R^2 = 0.8617$

(2005-2006年广东海域调查)
图25-5 体长叉长关系曲线图

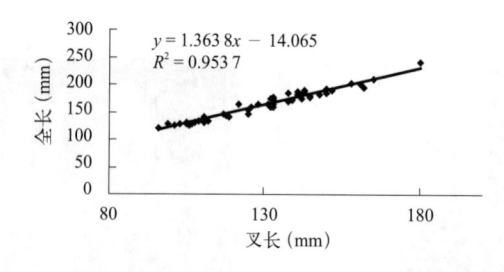

$y = 1.3638x - 14.065$
$R^2 = 0.9537$

(2005-2006年广东海域调查)
图25-6 体长全长关系曲线图

25.4 生长方程

表 25-2 生长方程参数

调查年份	海区	L_∞(mm)	K	t_0(a)	备注
1964–1965	南海北部大陆架	SL: 350	0.13	−1.85	年龄鉴定法 1964–1965 年鳞片
1982–1983	南海北部大陆架	SL: 352	0.13	−1.80	年龄鉴定法 1964–1965 年鳞片
2005–2006	广东海域	SL: 217	0.57	−0.29	长度频率法
1964–1965 1992–1993 1997–1998	北部湾	SL: 273	0.45	−0.32	陈作志等, 2003
2006–2008	北部湾	SL: 293	0.17	−1.12	侯刚等, 2008
1998–2000	台湾浅滩渔场	FL: 245	0.23	−1.18	叶孙忠等, 2004
2003–2004	台湾海峡南部	FL: 268	−0.22	−1.57	杜建国等, 2008

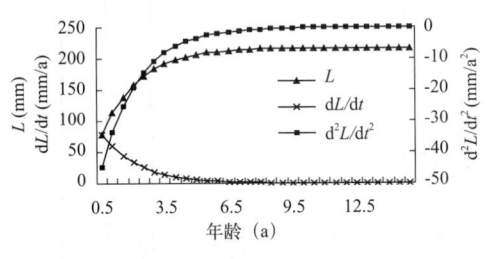

(2005–2006 年广东海域调查)
图 25-7 长度生长速度和加速度曲线

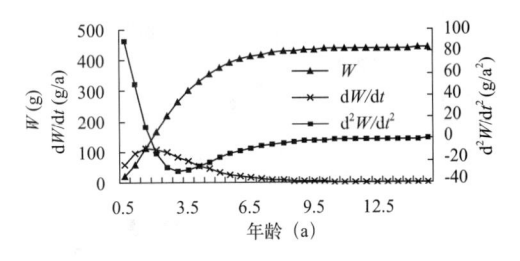

(2005–2006 年广东海域调查)
图 25-8 重量生长速度和加速度曲线

表 25-3 重量生长拐点

调查年份	海区	拐点年龄 (a)	拐点重量 (g)	拐点对应长度 SL(mm)	备注
1964–1965	南海北部大陆架	7.81	4494	253	拐点重量超过渐近重量,不太可能
1982–1983	南海北部大陆架	6.34	403	232	
2005–2006	广东海域	1.69	125	147	

25.5 繁殖

表 25-4 繁殖参数

调查年份	海区	性成熟最小年龄 (a)	性成熟最小长度 SL(mm)	产卵期（月份）	产卵盛期（月份）	个体繁殖力（万粒）
1964—1965	南海北部大陆架	0~1	112	1—3	1—3	1~12
1982—1983	南海北部大陆架	1	101	12—3	1—3	2~12

25.6 死亡与开发参数

表 25-5 死亡与开发参数

调查年份	海区	M	Z	F	E	SL_{50}(mm)
2005—2006	广东海域	1.20	3.88	2.68	0.69	81

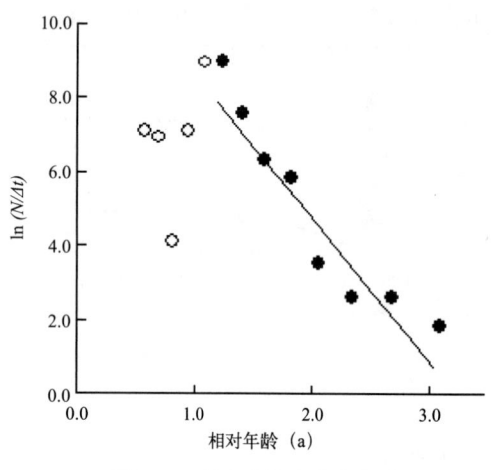

图 25-9 长度变换渔获曲线图

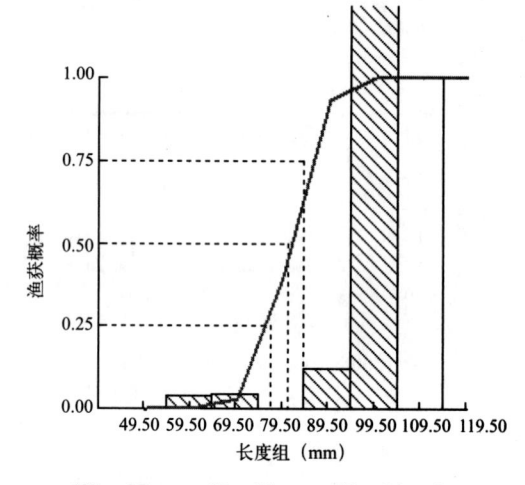

(SL_{25}=77mm, SL_{50}=81mm, SL_{75}=84mm)
图 25-10 渔获概率曲线图

25.7 单位补充量渔获量方程参数

表 25-6 最大年龄 t_λ

实测法 (a)	Taylor 方法 (a)	Alverson 和 Carner 方法 (a)	自然死亡系数法 (a)	综合法 (a)
4.00	4.96	6.22	2.16	5.00

表 25-7 单位补充量渔获量方程相关参数

M	t_r(a)	t_λ(a)	t_0(a)	W_∞(g)	K
1.20	0.219	5.00	−0.29	440	0.57

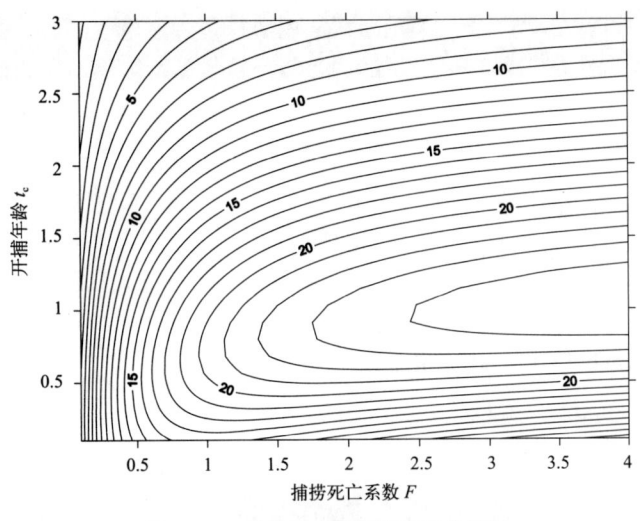

图25-11 单位补充量等渔获量曲线图

25.8 首次性成熟年龄与开捕年龄

表25-8 首次性成熟年龄 t_m

Froese 法 (a)	实测法 (a)	综合取值 (a)	综合取值对应长度 SL_m(mm)
1.43	0.80	0.80	101

表25-9 开捕年龄 t_c

个体性成熟法 (a)	拐点年龄法 (a)	等渔获量曲线法 (a)	综合法 (a)	开捕长度 SL_c(mm)	F 取值
0.80	1.69	0.68~0.97	0.80	101	1.31~3.57

26 深水金线鱼 *Nemipterus bathybius* Snyder, 1911

26.1 分类

分类：鲈形目 PERCIFORMES
　　　　金线鱼科 Nemipteridae
　　　　金线鱼属 *Nemipterus*

英文名：Yellowbelly threadfin bream

俗称：红三，红立，刀鲤。

图26-1 深水金线鱼

图26-2 耳石 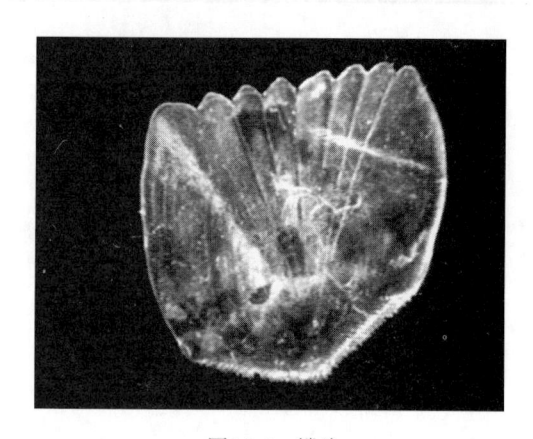　　　　图26-3 鳞片

26.2 分布与生活习性

分布：西太平洋。中国东海、南海及台湾海峡。

生活习性：暖水性。底层种类。栖息于近海 40~110 m 泥质或沙质海底区。

26.3 长度重量关系

表 26-1 长度与重量参数

调查年份	海区	长度范围 SL(mm)	重量范围 (g)	年龄范围 (a)	长度重量关系 $W=aL^b$ a	b	备注
1964—1965	南海北部大陆架 113°15' 以东	/	/	0~6	$2.016×10^{-5}$	3.050	资料未标明是否纯体重
	南海北部大陆架 113°15' 以西	/	/	0~5			
1997—1999	南海北部	42~240	/	/	$4.270×10^{-5}$	2.900	
2005—2006	广东海域	75~145	16~88	/	$1.160×10^{-3}$	2.2315	$TL=1.0493SL+26.608$

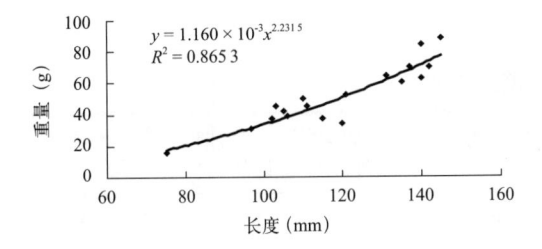

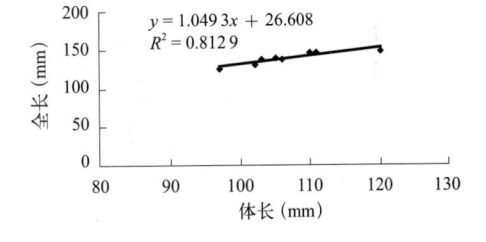

(2005—2006年广东海域调查)
图26-4 长度重量关系曲线图

(2005—2006年广东海域调查)
图26-5 体长全长关系曲线图

26.4 生长方程

表 26-2 生长方程参数

调查年份	海区		von Bertalanffy 生长方程参数（长度频率法） SL_∞(mm)	K	t_0(a)	备注
1964—1965	南海北部大陆架 113°15' 以东	♀	207	0.25	-2.03	年龄鉴定法 1964—1965 年鳞片
		♂	216	0.28	-1.82	
1964—1965	南海北部大陆架 113°15' 以西	♀	252	0.16	-3.04	年龄鉴定法 1964—1965 年鳞片
		♂	226	0.29	-1.69	
1982—1983	南海北部大陆架	♂	229	0.18	-2.88	年龄鉴定法 1964—1965 年鳞片
		♀	215	0.31	-1.68	
1997—1999	南海北部		272	0.27	-0.59	长度频率法
2007	北部湾		245	0.42	-0.37	李忠炉等

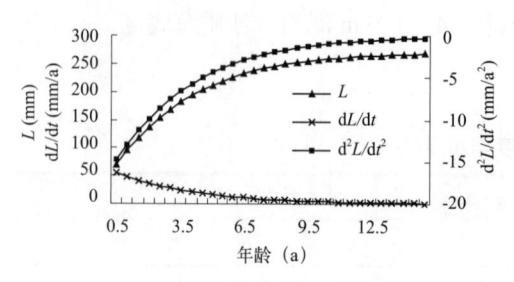

(1997—1999年南海北部调查)
图26-6 长度生长速度和加速度曲线

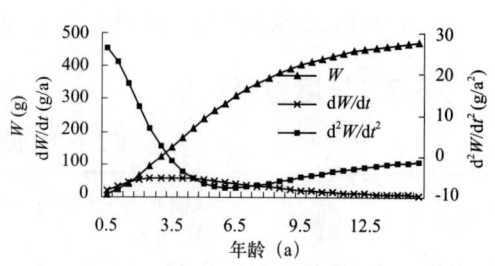

(1997—1999年南海北部调查)
图26-7 重量生长速度和加速度曲线

表26-3 重量生长拐点

调查年份	海区	拐点年龄 (a)	拐点重量 (g)	拐点对应长度 SL(mm)
1997—1999	南海北部	3.35	151	178

26.5 繁殖

表26-4 繁殖参数

调查年份	海区	性成熟最小年龄 (a)	性成熟最小长度 SL(mm)	产卵期（月份）	产卵盛期（月份）	个体繁殖力（万粒）
1964—1965	南海北部大陆架	0~1	60	3—8	5—7	0.40~10.97
1982—1983	南海北部大陆架	0~1	60	3—12	6—9	2.00~3.50

26.6 死亡与开发参数

表26-5 死亡与开发参数

调查年份	海区	M	Z	F	E	SL_{50}(mm)
1997—1999	南海北部	0.68	1.91	1.23	0.64	114

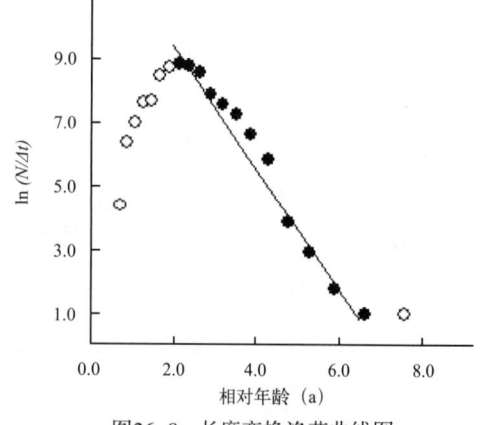

图26-8 长度变换渔获曲线图

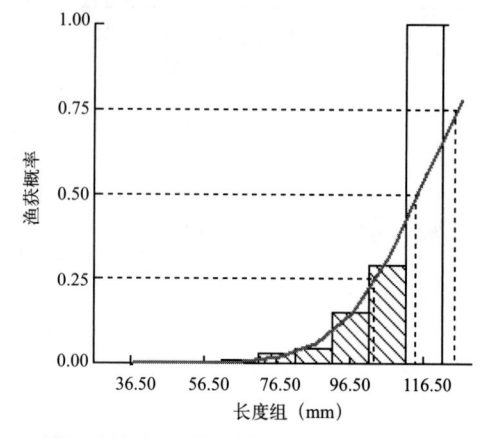

(SL_{25}=103mm，SL_{50}=114mm，SL_{75}=125mm)
图26-9 渔获概率曲线图

26.7 单位补充量渔获量方程参数

表 26-6 最大年龄 t_λ

实测法 (a)	Taylor 方法 (a)	Alverson 和 Carner 方法 (a)	自然死亡系数法 (a)	综合法 (a)
5.00	10.50	11.62	3.80	6.00

表 26-7 单位补充量渔获量方程相关参数

M	$t_r(a)$	$t_\lambda(a)$	$t_0(a)$	$W_\infty(g)$	K
0.68	0.601	6.00	−0.59	491	0.27

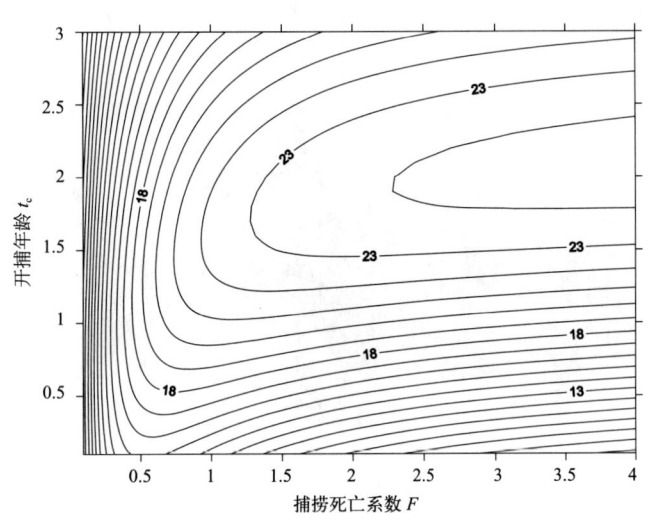

图26-10 单位补充量等渔获量曲线图

26.8 首次性成熟年龄与开捕年龄

表 26-8 首次性成熟年龄 t_m

Froese 法 (a)	实测法 (a)	综合取值 (a)	综合取值对应长度 SL_m(mm)
1.73	0.33	0.33	60

表 26-9 开捕年龄 t_c

个体性成熟法 (a)	拐点年龄法 (a)	等渔获量曲线法 (a)	综合法 (a)	开捕长度 SL_c(mm)	F 取值
0.33	3.35	1.08~1.71	1.10	100	0.40~1.25

27 日本金线鱼 *Nemipterus japonicus* (Bloch, 1791)

27.1 分类

分类：鲈形目 PERCIFORMES
　　　　金线鱼科 Nemipteridae
　　　　金线鱼属 *Nemipterus*
英文名：Japanese threadfin bream
俗称：金线鲢，瓜三，红三。

图27-1　日本金线鱼

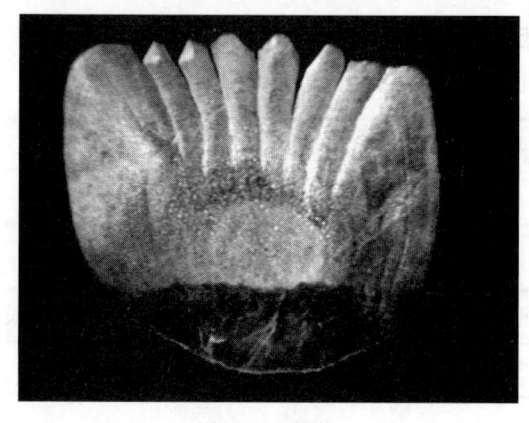

图27-2　鳞片

27.2 分布与生活习性

分布：印度-太平洋。中国东海、南海及台湾海峡。

生活习性：暖水性。底层种类。栖息于近海 100 m 以浅泥质或沙质海底。

27.3 长度重量关系

表27-1 长度与重量参数

调查年份	海区	长度范围 SL(mm)	重量范围 (g)	长度重量关系 $W=aL^b$ a	b	备注
1964–1965	南海北部大陆架	45~245	/	/		
1982–1983	南海北部大陆架	45~254	/	/		
2005–2006	广东海域	51~235	2.5~292	$5.694×10^{-5}$	2.871	$TL=1.2202SL+7.5465$

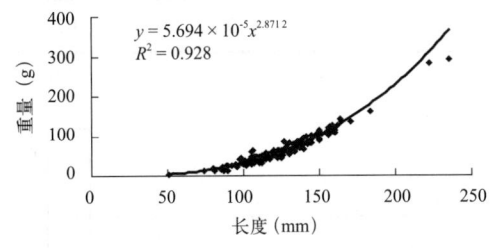

(2005-2006年广东海域调查)
图27-3 长度重量关系曲线图

(2005-2006年广东海域调查)
图27-4 体长全长关系曲线图

27.4 生长方程

表27-2 生长方程参数

调查年份	海区	von Bertalanffy 生长方程参数（长度频率法）		
		SL_∞(mm)	K	t_0(a)
2005–2006	广东海域	246.75	0.75	−0.188

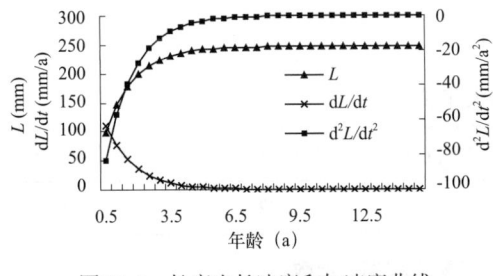

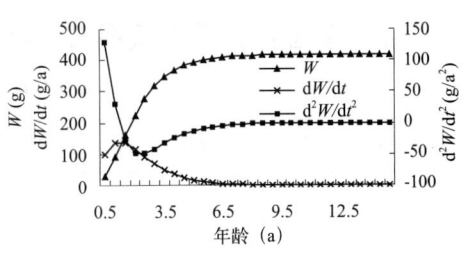

图27-5 长度生长速度和加速度曲线

图27-6 重量生长速度和加速度曲线

表27-3 重量生长拐点

调查年份	海区	拐点年龄(a)	拐点重量(g)	拐点对应长度 SL(mm)
2005–2006	广东海域	1.22	130	162

27.5 繁殖

表27-4 繁殖参数

产卵期（月份）	产卵盛期（月份）	备注
3—8	5—7	综合历年调查

27.6 死亡与开发参数

表27-5 死亡与开发参数

调查年份	海区	M	Z	F	E	SL_{50}(mm)
2005-2006	广东海域	1.42	5.48	4.06	0.74	107

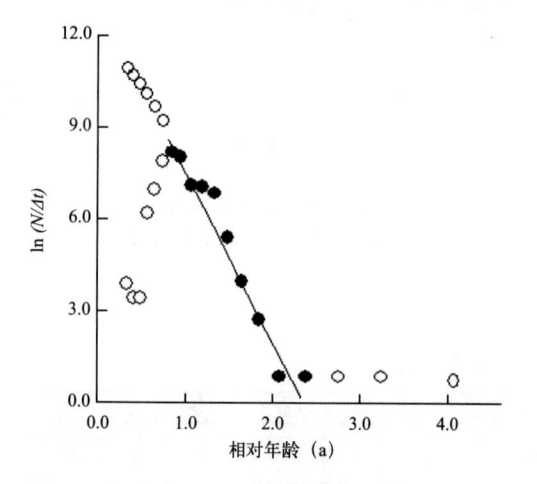

图27-7 长度变换渔获曲线图

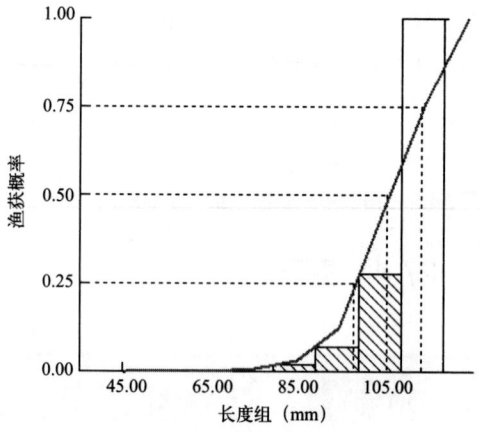

(SL_{25}=99mm，SL_{50}=107mm，SL_{75}=115mm)
图27-8 渔获概率曲线图

27.7 单位补充量渔获量方程参数

表27-6 最大年龄 t_λ

实测法 (a)	Taylor 方法 (a)	Alverson 和 Carner 方法 (a)	自然死亡系数法 (a)	综合法 (a)
4.00	3.81	5.06	1.82	5.00

表27-7 单位补充量渔获量方程相关参数

M	t_r(a)	t_λ(a)	t_0(a)	W_∞(g)	K
1.42	0.114	5.00	−0.19	421	0.75

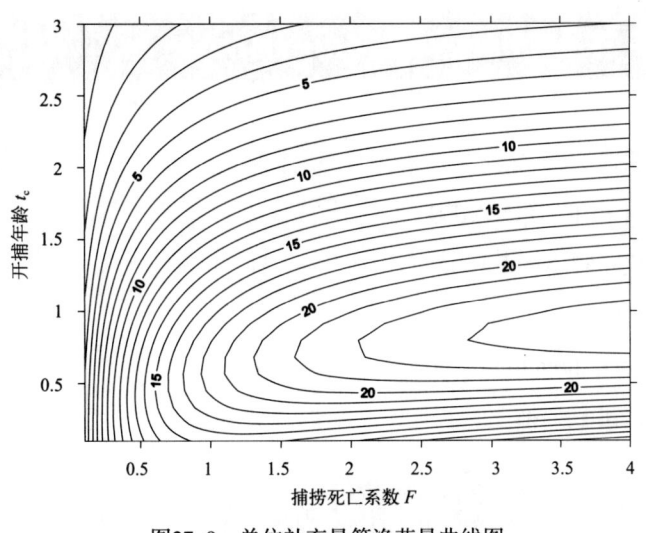

图27-9 单位补充量等渔获量曲线图

27.8 首次性成熟年龄与开捕年龄

表27-8 首次性成熟年龄 t_m

Froese 法 (a)	实测法 (a)	综合取值 (a)	综合取值对应长度 SL_m(mm)
1.43	0.60	0.60	110

表27-9 开捕年龄 t_c

个体性成熟法 (a)	拐点年龄法 (a)	等渔获量曲线法 (a)	综合法 (a)	开捕长度 SL_c(mm)	F 取值
0.60	1.22	0.68~0.91	0.80	129	2.52~6.25

28 金线鱼 *Nemipterus virgatus* (Houttuyn, 1782)

28.1 分类

分类：鲈形目 PERCIFORMES
　　　　金线鱼科 Nemipteridae
　　　　金线鱼属 *Nemipterus*

英文名：Golden threadfin bream

俗称：红三，吊三，拖三，长尾三，黄肚，金丝鱼。

图28-1 金线鱼

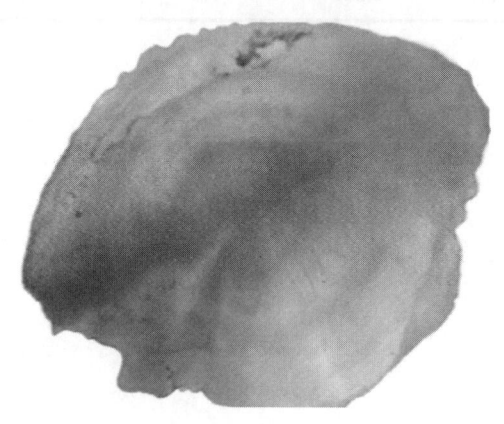

图28-2 耳石

28.2 分布与生活习性

分布：西太平洋。中国东海、南海及台湾海峡。

生活习性：暖水性。底层种类。栖息于近海泥底或沙底区。

28.3 长度重量关系

表 28-1 长度与重量参数

调查年份	海区	长度范围 SL(mm)	重量范围 (g)	年龄范围 (a)	长度重量关系 $W=aL^b$ a	b	备注
1964—1965	南海北部大陆架	/	/	0~6	3.549×10^{-5}	2.894	纯体重
1982—1983	南海北部大陆架	/	/	/	3.550×10^{-5}	2.890	
1997—1999	南海北部	43~310			6.682×10^{-5}	2.789	
2005—2006	广东海域	66~288	8.0~554	/	5.837×10^{-5}	2.820	$TL=1.2675SL+4.3165$

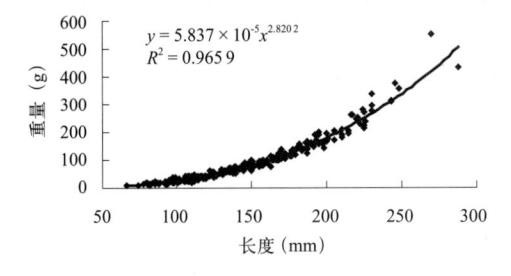

(2005—2006年广东海域调查)
图28-4 长度重量关系曲线图

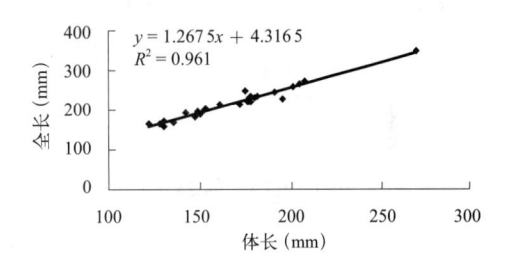

(2005—2006年广东海域调查)
图28-5 体长全长关系曲线图

28.4 生长方程

表 28-2 生长方程参数

调查年份	海区	von Bertalanffy 生长方程参数（长度频率法） L_∞(mm)	K	t_0(a)	备注
1982—1983	南海北部大陆架 ♀	300	0.26	-1.60	
	♂	SL: 324	0.34	-1.20	
1997—1999	南海北部	SL: 365	0.24	-0.62	
2005—2006	广东海域	SL: 300	0.37	-0.42	
2001—2002	台湾海峡	FL: 373	0.28	-1.08	卢振彬等，2008

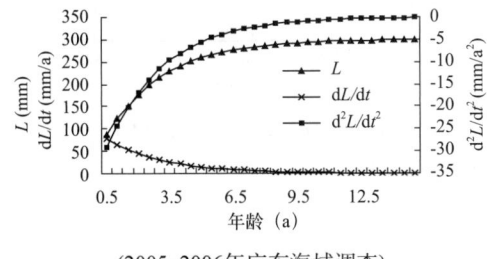

(2005—2006年广东海域调查)
图28-6 长度生长速度和加速度曲线

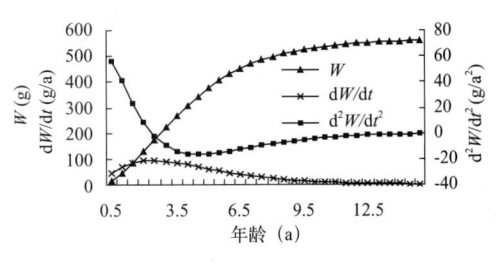

(2005—2006年广东海域调查)
图28-7 重量生长速度和加速度曲线

表 28-3 重量生长拐点

调查年份	海区	拐点年龄 (a)	拐点重量 (g)	拐点对应长度 SL(mm)
1997–1999	南海北部	3.65	302	234
2005–2006	广东海域	2.38	180	194

28.5 繁殖

表 28-4 繁殖参数

调查年份	海区	性成熟最小年龄 (a)	性成熟最小长度 FL(mm)	产卵期（月份）	产卵盛期（月份）	个体繁殖力（万粒）
1964–1965	南海北部大陆架	0~1	110	3—8	5—6	1.59~40.37
1982–1983	南海北部大陆架	0~1	150	3—8	3—5	/

28.6 死亡与开发参数

表 28-5 死亡与开发参数

调查年份	海区	M	Z	F	E	SL_{50}(mm)
1997–1999	南海北部	0.59	1.49	0.90	0.60	105
2005–2006	广东海域	0.82	1.65	0.83	0.50	99

(1997-1999年南海北部调查)　　　　　(2005-2006年广东海域调查)

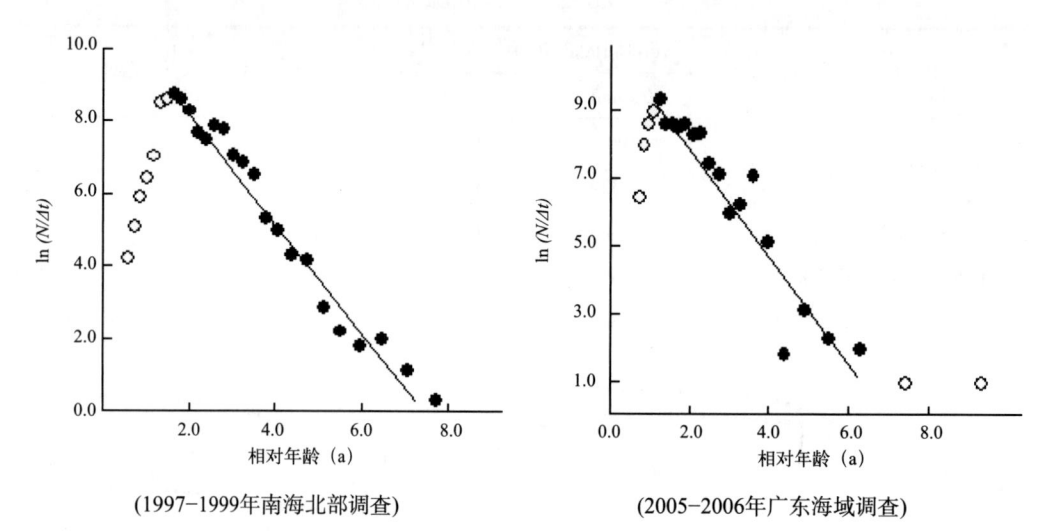

图 28-8　长度变换渔获曲线图

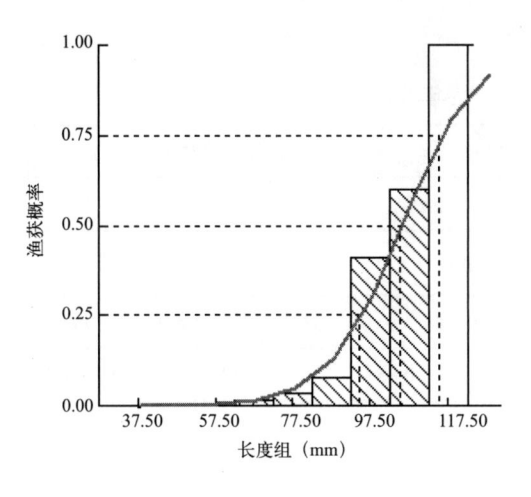

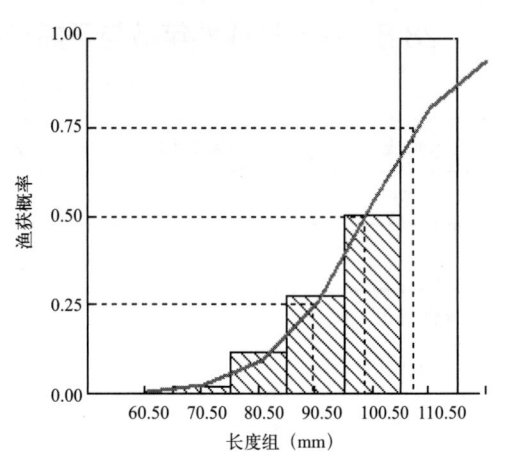

(SL_{25}=95mm，SL_{50}=105mm，SL_{75}=115mm，
1997-1999年南海北部调查)

(SL_{25}=90mm，SL_{50}=99mm，SL_{75}=108mm，
2005-2006年广东海域调查)

图28-9　渔获概率曲线图

28.7　单位补充量渔获量方程参数

表28-6　最大年龄 t_λ

实测法 (a)	Taylor 方法 (a)	Alverson 和 Carner 方法 (a)	自然死亡系数法 (a)	综合法 (a)
5.00	7.68	9.25	3.15	6.00

表28-7　单位补充量渔获量方程相关参数

M	t_r(a)	t_λ(a)	t_0(a)	W_∞(g)	K
0.82	0.253	6.00	−0.42	565	0.37

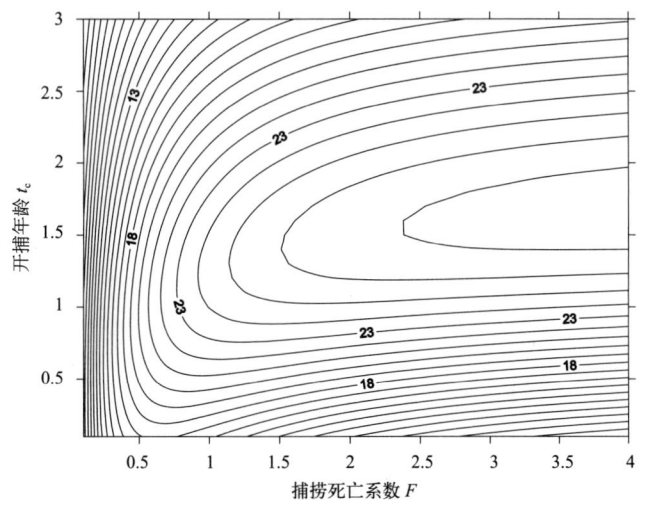

图28-10　单位补充量等渔获量曲线图

28.8　首次性成熟年龄与开捕年龄

表 28-8　首次性成熟年龄 t_m

Froese 法 (a)	实测法 (a)	综合取值 (a)	综合取值对应长度 SL_m(mm)
1.73	0.82	0.82	110

表 28-9　开捕年龄 t_c

个体性成熟法 (a)	拐点年龄法 (a)	等渔获量曲线法 (a)	综合法 (a)	开捕长度 SL_c(mm)	F 取值
0.82	2.38	0.4~1.175	0.85	112	0.40~1.39

29 棘头梅童鱼 *Collichthys lucidus* (Richardson, 1844)

29.1 分类

分类：鲈形目 PERCIFORMES

　　　石首鱼科 Sciaenidae

　　　梅童鱼属 *Collichthys*

英文名：Spinyhead croaker

俗称：黄皮头，黄皮狮头鱼，头生。

图29-1　棘头梅童鱼

29.2 分布与生活习性

分布：西太平洋。中国南海、东海、黄海及台湾海峡。

生活习性：暖水性。底层种类。主要栖息于沿岸河口。

29.3 长度重量关系

表29-1　长度与重量参数

调查年份	海区	长度范围 SL(mm)	长度重量关系 $W=aL^b$ a	b	备注
1986	珠江口	/	3.64×10^{-5}	2.90	李辉权，1990
1997—1998	珠江口	24~165	2.746×10^{-5}	2.956	

29.4 生长方程

表 29-2 生长方程参数

调查年份	海区	von Bertalanffy 生长方程参数（长度频率法）		
		SL_∞(mm)	K	t_0(a)
1986	珠江口	171	1.80	−0.12
1997−1998	珠江口	174	2.40	−0.07

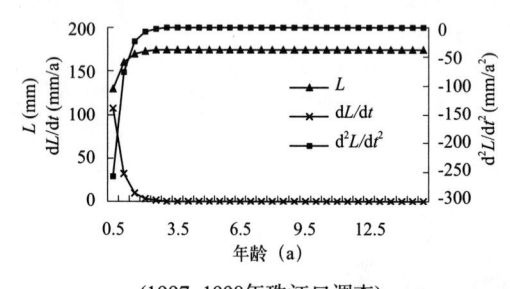

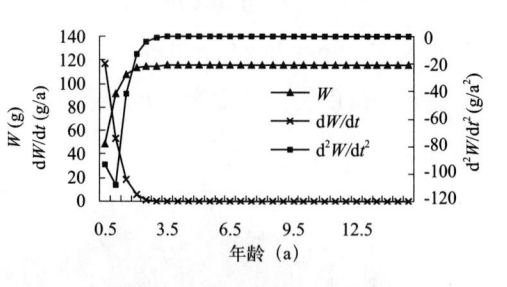

(1997−1998年珠江口调查)
图29-2 长度生长速度和加速度曲线

(1997−1998年珠江口调查)
图29-3 重量生长速度和加速度曲线

表 29-3 重量生长拐点

调查年份	海区	拐点年龄 (a)	拐点重量 (g)	拐点对应长度 SL(mm)
1986	珠江口	0.47	33	112
1997−1998	珠江口	0.38	35	115

29.5 繁殖

表 29-4 繁殖参数

性成熟最小长度 SL (mm)	产卵期（月份）	备注
60~70	3—9	综合历年调查

29.6 死亡与开发参数

表 29-5 死亡与开发参数

调查年份	海区	M	Z	F	E	SL_{50}(mm)	备注
1986	珠江口	1.55	1.89	0.34	0.18	10	李辉权，1990
1997−1998	珠江口	3.20	10.38	7.18	0.69	97	

(1987年珠江口调查)   (1997-1998珠江口调查)

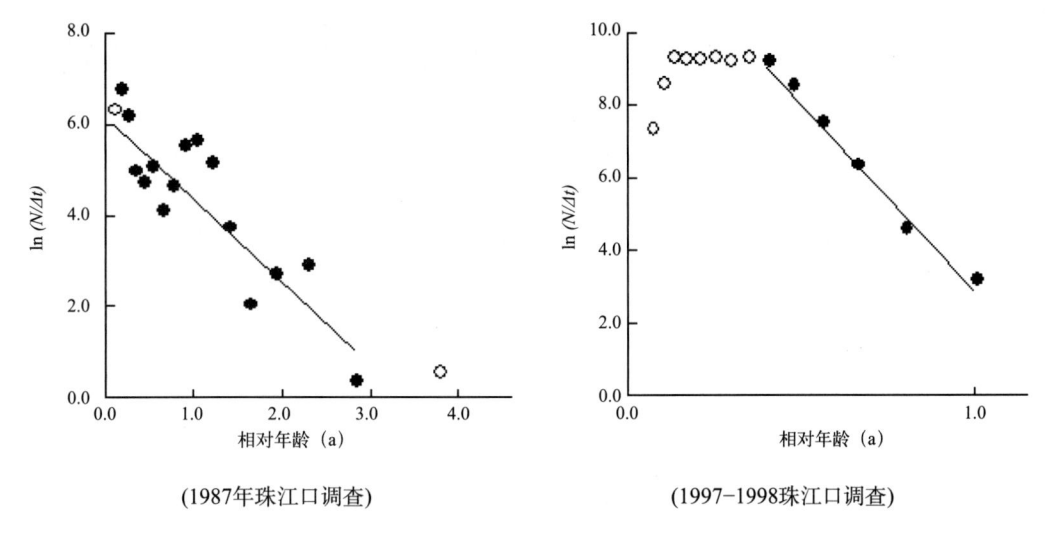

图29-4　长度变换渔获曲线图

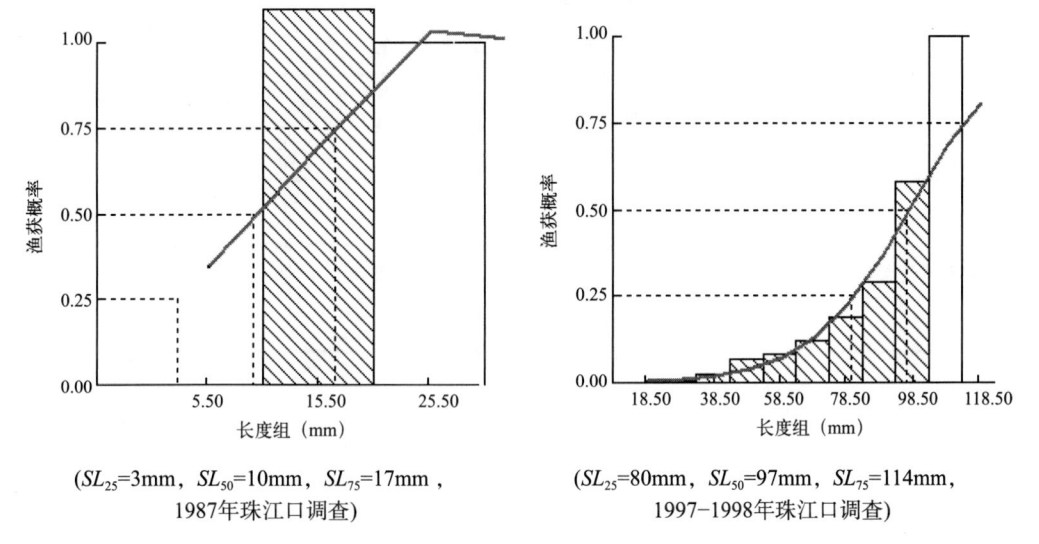

(SL_{25}=3mm，SL_{50}=10mm，SL_{75}=17mm，
1987年珠江口调查)

(SL_{25}=80mm，SL_{50}=97mm，SL_{75}=114mm，
1997-1998年珠江口调查)

图29-5　渔获概率曲线图

29.7　单位补充量渔获量方程参数

表29-6　最大年龄 t_λ

实测法 (a)	Taylor 方法 (a)	Alverson 和 Carner 方法 (a)	自然死亡系数法 (a)	综合法 (a)
2.00	1.18	1.96	0.81	2.00

表29-7　单位补充量渔获量方程相关参数

M	t_r(a)	t_λ(a)	t_0(a)	W_∞(g)	K
3.20	0.010	2.00	−0.07	115	2.40

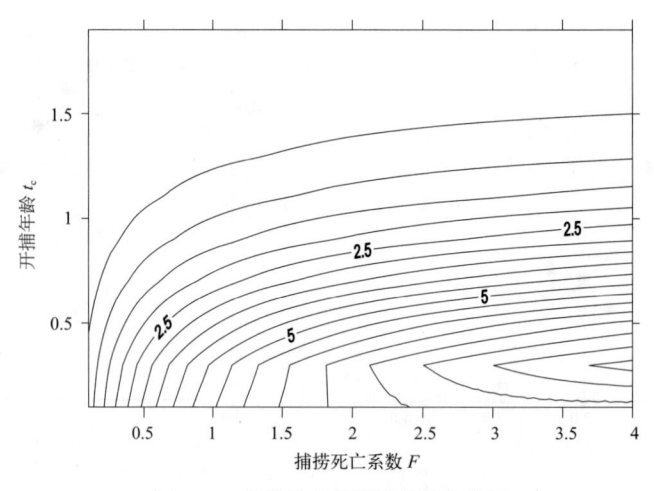

图29-6 单位补充量等渔获量曲线图

29.8 首次性成熟年龄与开捕年龄

表29-8 首次性成熟年龄 t_m

Froese 法 (a)	实测法 (a)	综合取值 (a)	综合取值对应长度 SL_m(mm)
0.55	0.15	0.15	71

表29-9 开捕年龄 t_c

个体性成熟法 (a)	拐点年龄法 (a)	等渔获量曲线法 (a)	综合法 (a)	开捕长度 SL_c(mm)	F 取值
0.15	0.38	0.22~0.32	0.25	93	2.94~9.10

30 杜氏叫姑鱼 *Johnius dussumieri* (Cuvier, 1830)

30.1 分类

分类：鲈形目 PERCIFORMES
　　　石首鱼科 Sciaenidae
　　　叫姑鱼属 *Johnius*

英文名：Sin croaker

俗称：小白鱼，赤头，黑耳津，叫吉子，小叫姑。

图30-1　杜氏叫姑鱼

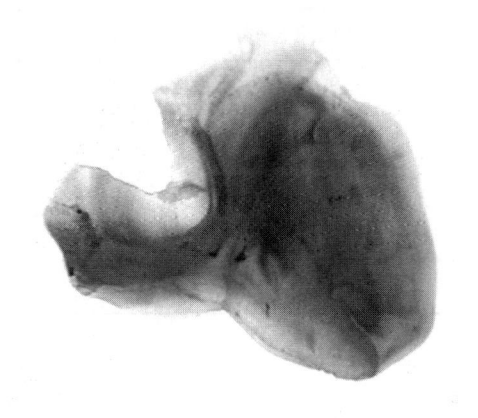

图30-2　耳石

30.2 分布与生活习性

分布：印度洋 - 西太平洋。中国南海。

生活习性：暖水性。底层种类，栖息于沿岸河口附近。

30.3 长度重量关系

表 30-1 长度与重量参数

调查年份	海区	长度范围 SL(mm)	长度重量关系 $W=aL^b$		备注
			a	b	
1986	珠江口	SL: /	$2.458×10^{-5}$	2.964	李辉权, 1990

30.4 生长方程

表 30-2 生长方程参数

调查年份	海区	von Bertalanffy 生长方程参数（长度频率法）			备注
		SL_∞(mm)	K	t_0(a)	
1986	珠江口	169	0.72	−0.24	李辉权, 1990

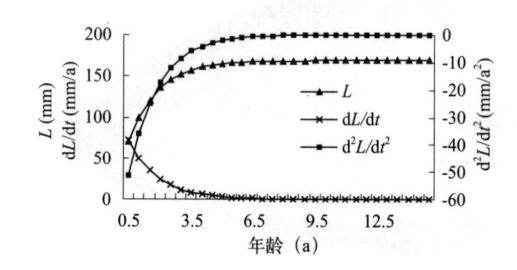

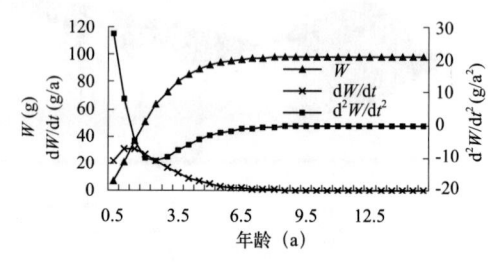

图30-3 长度生长速度和加速度曲线

图30-4 重量生长速度和加速度曲线

表 30-3 重量生长拐点

调查年份	海区	拐点年龄 (a)	拐点重量 (g)	拐点对应长度 SL(mm)
1986	珠江口	1.27	30	112

30.5 繁殖

表 30-4 繁殖参数

性成熟最小长度 SL (mm)	产卵期（月份）	备注
100~110	5—7	综合历年调查

31 白姑鱼 *Pennahia argentata* (Houttuyn, 1782)

31.1 分类

分类：鲈形目 PERCIFORMES

　　　石首鱼科 Sciaenidae

　　　　白姑鱼属 *Pennahia*

同种异名：*Argaosomus argentatus* (Houttuyn, 1782)

英文名：Silver croaker

俗称：银姑鱼，白姑子，白米子，白鳘子，白梅，鱤鱼。

图31-1　白姑鱼

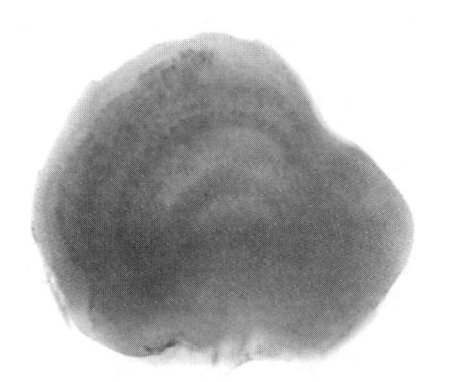

图31-2　耳石

图31-3　鳞片

31.2 分布与生活习性

分布：西北太平洋。中国南海、东海和黄海。

生活习性：暖水性。中下层种类。栖息于沿岸沙泥底质海域。

31.3 长度重量关系

表31-1 长度与重量参数

调查年份	海区	长度范围 SL(mm)	重量范围 (g)	长度重量关系 $W=aL^b$ a	b	备注
1964–1965	北部湾	/	/	$2.320×10^{-5}$	2.941	陈作志等，2005
1992–1993 1997–1999	北部湾	/	/	$2.520×10^{-5}$	2.985	陈作志等，2005
2005–2006	广东海域	110~205	33~376	$5.739×10^{-5}$	2.830	$TL=1.1036SL+21.496$

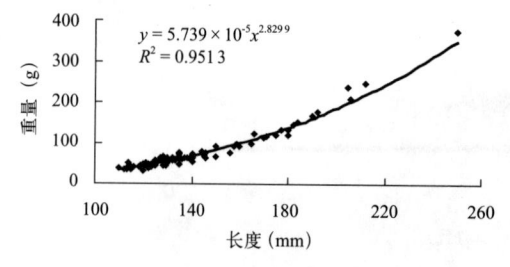

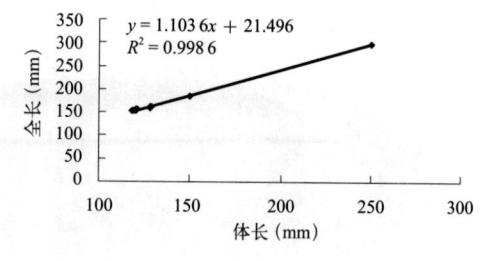

(2005–2006年广东海域调查)
图31-4 长度重量关系曲线图

(2005–2006年广东海域调查)
图31-5 体长全长关系曲线图

31.4 生长方程

表31-2 生长方程参数

调查年份	海区	von Bertalanffy 生长方程参数（长度频率法） SL_∞(mm)	K	t_0(a)	Z	M	F	E	备注
1964–1965	北部湾	382	0.42	-0.16	2.45	1.25	1.20	0.49	
	南海北部大陆架	315	0.35	-0.23	1.74	0.90	0.84	0.48	
1992–1993	北部湾	382	0.42	-0.16	2.47	1.02	1.45	0.58	陈作志等，2005
1997–1999	北部湾	382	0.42	-0.16	3.55	0.93	2.62	0.74	
	南海北部大陆架	315	0.35	-0.23	3.12	0.85	2.27	0.73	

32　日本绯鲤 *Upeneus japonicus* (Houttuyn, 1782)

32.1　分类

分类：鲈形目 PERCIFORMES

　　　　羊鱼科 Mullidae

　　　　　　绯鲤属 *Upeneus*

同种异名：*Upeneus bensasi* (Temminck & Schlegel, 1843)

英文名：Bensasi goatfish

俗称：红线，厚鳞，赤松。

图32-1　日本绯鲤

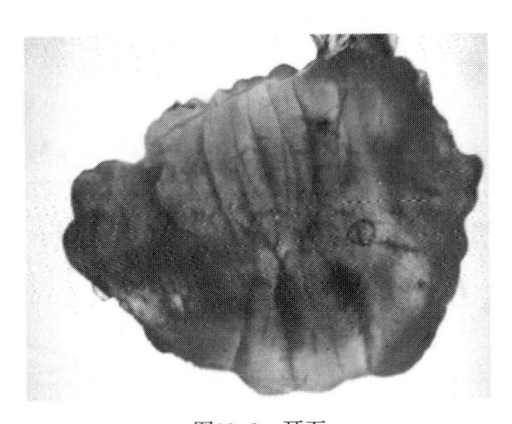

图32-2　耳石

32.2　分布与生活习性

分布：西太平洋。中国南海、东海、黄海及台湾海峡。

生活习性：暖水性。底层种类。栖息于水深 20~40 m 沙质或岩礁底质海区。

32.3 长度重量关系

表32-1 长度与重量参数

调查年份	海区	长度范围 SL(mm)	重量范围 (g)	年龄范围 (a)	长度重量关系 $W=aL^b$ a	b
1964—1965	南海北部大陆架	85~145	/	0~5	1.303×10^{-5}	3.101
1997—1999	南海北部	31~162	/	/	1.116×10^{-5}	3.148
2005—2006	广东海域	64~135	5.0~55	/	3.604×10^{-5}	2.887

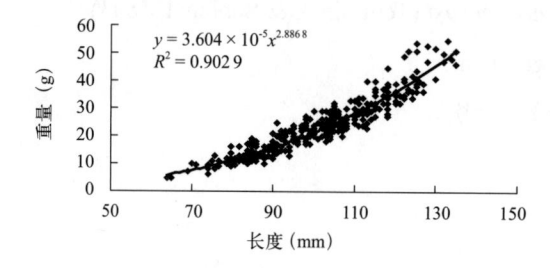

(2005—2006年广东海域调查)
图32-3 长度重量关系曲线图

32.4 生长方程

表32-2 生长方程参数

调查年份	海区	von Bertalanffy 生长方程参数（长度频率法） L_∞(mm)	K	t_0(a)	备注
1982—1983	南海北部大陆架	SL: 149	0.38	−2.10	年龄鉴定法
1997—1999	南海北部	SL: 205	0.33	−0.54	长度频率法
2005—2006	广东海域	SL: 176	0.46	−0.39	长度频率法
2008	台湾海峡南部	FL: 183	0.42	−1.04	卢振彬等，2008

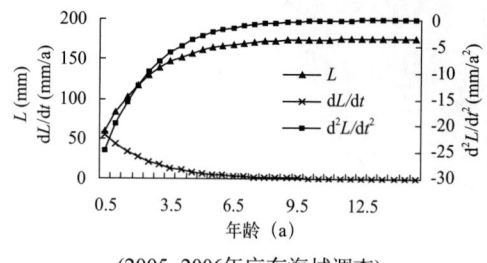

(2005—2006年广东海域调查)
图32-4 长度生长速度和加速度曲线

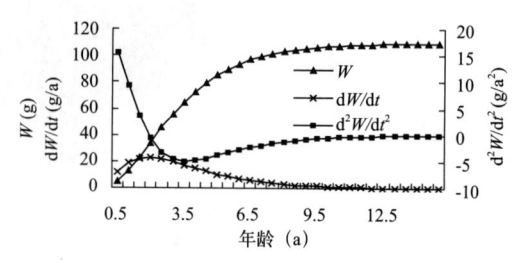

(2005—2006年广东海域调查)
图32-5 重量生长速度和加速度曲线

表 32-3 重量生长拐点

调查年份	海区	拐点年龄 (a)	拐点重量 (g)	拐点对应长度 SL(mm)
1982-1983	南海北部大陆架	2.07	34	119
1997-1999	南海北部	2.94	57	139
2005-2006	广东海域	1.91	34	115

32.5 繁殖

表 32-4 繁殖参数

调查年份	海区	性成熟最小年龄 (a)	性成熟最小长度 SL(mm)	产卵期（月份）	产卵盛期（月份）	个体繁殖力（万粒）
1964-1965	南海北部大陆架	0~1	80~90	2—8	3—4, 6—7	3.30~9.90
1982-1983	南海北部大陆架	1	100	2—8	2—8	1.50~7.50

32.6 死亡与开发参数

表 32-5 死亡与开发参数

调查年份	海区	M	Z	F	E	SL_{50}(mm)
1997-1999	南海北部	0.86	2.77	1.91	0.69	109
2005-2006	广东海域	1.12	2.65	1.53	0.58	81

(1997-1999年南海北部调查)   (2005-2006年广东海域调查)

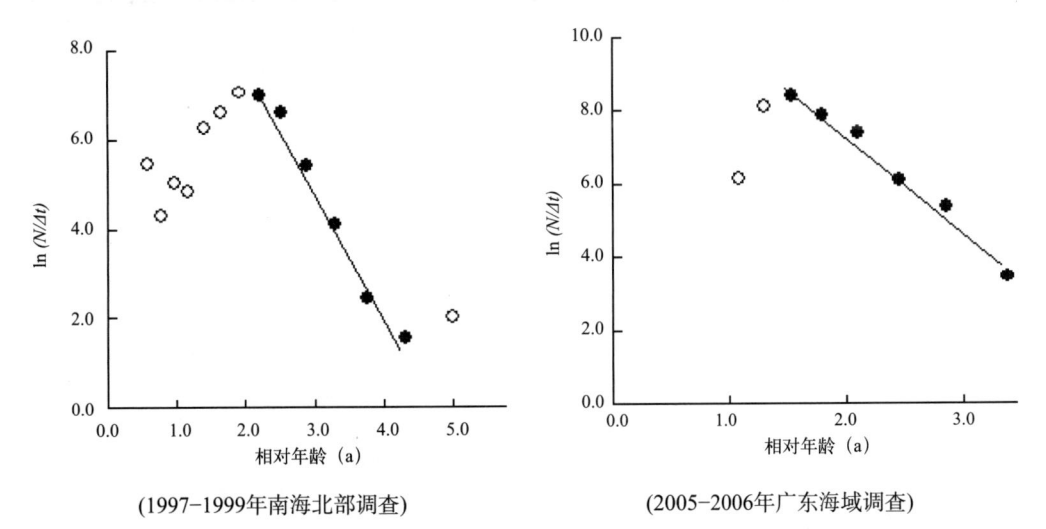

图32-6 长度变换渔获曲线图

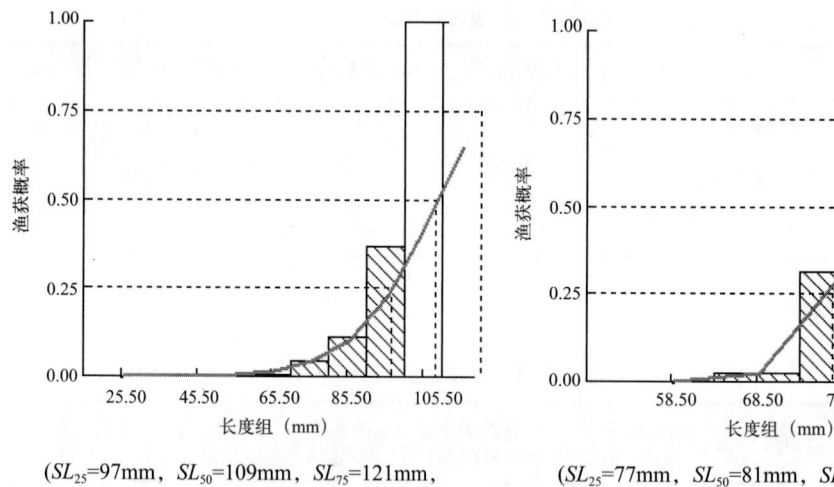

(SL_{25}=97mm, SL_{50}=109mm, SL_{75}=121mm, 1997–1999年南海北部调查)

(SL_{25}=77mm, SL_{50}=81mm, SL_{75}=85mm, 2005–2006年广东海域调查)

图32-7 渔获概率曲线图

32.7 单位补充量渔获量方程参数

表32-6 最大年龄 t_λ

实测法 (a)	Taylor 方法 (a)	Alverson 和 Carner 方法 (a)	自然死亡系数法 (a)	综合法 (a)
4.00	6.12	6.98	2.31	5.00

表32-7 单位补充量渔获量方程相关参数

M	t_r(a)	t_λ(a)	t_0(a)	W_∞(g)	K
1.12	0.608	5.00	−0.39	109	0.46

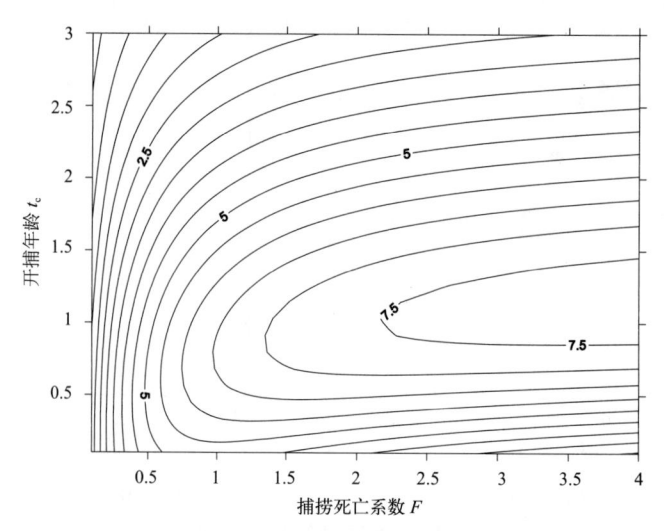

图32-8 单位补充量等渔获量曲线图

32.8 首次性成熟年龄与开捕年龄

表 32-8 首次性成熟年龄 t_m

Froese 法 (a)	实测法 (a)	综合取值 (a)	综合取值对应长度 SL_m(mm)
1.43	0.92	0.92	80

表 32-9 开捕年龄 t_c

个体性成熟法 (a)	拐点年龄法 (a)	等渔获量曲线法 (a)	综合法 (a)	开捕长度 SL_c(mm)	F 取值
0.92	1.91	0.45~0.91	0.91	79	1.51~3.85

33　黄带绯鲤 *Upeneus sulphureus* Cuvier, 1829

33.1　分类

分类：鲈形目 PERCIFORMES
　　　　羊鱼科 Mullidae
　　　　　　绯鲤属 *Upeneus*

英文名：Sulphur goatfish

俗称：红线，秋姑，须哥，双线，溏思，藤丝，今鸡。

图33-1　黄带绯鲤

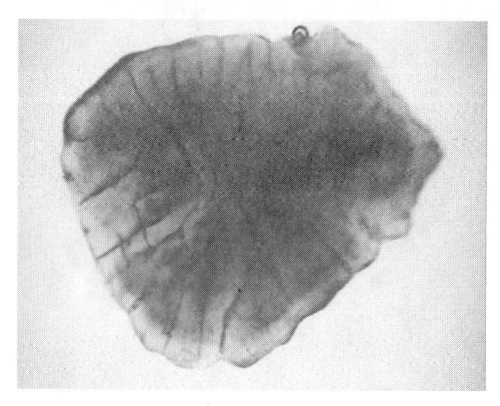

图33-2　耳石

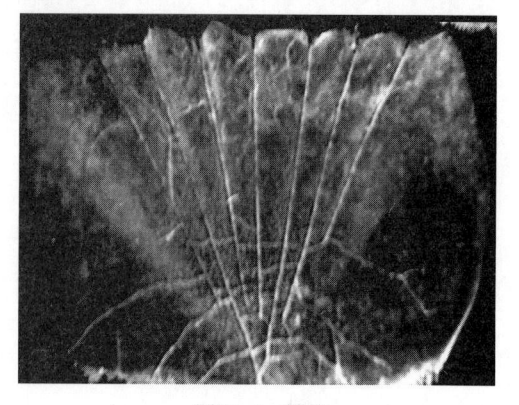

图33-3　鳞片

33.2　分布与生活习性

分布：印度 - 西太平洋。中国东海、南海及台湾海峡。

生活习性：暖水性。底层种类。栖息于泥、沙泥底质海区。

33.3 长度重量关系

表33-1 长度与重量参数

调查年份	海区	长度范围 SL(mm)	重量范围 (g)	长度重量关系 $W=aL^b$ a	b
1964–1965	南海北部大陆架	65~195	/	/	/
2005–2006	广东海域	73~145	11~71	1.234×10^{-4}	2.677

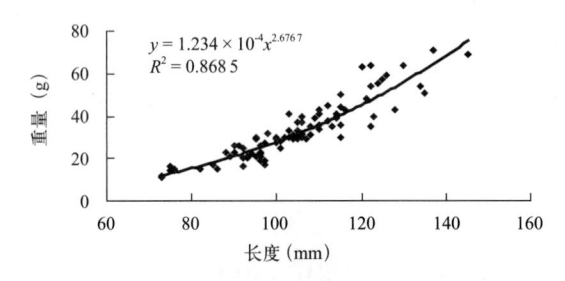

(2005–2006年广东海域调查)
图33-4 长度重量关系曲线图

33.4 生长方程

表33-2 生长方程参数

调查年份	海区	von Bertalanffy生长方程参数（长度频率法） SL_∞(mm)	K	t_0(a)
2005–2006	广东海域	155	0.39	−0.43

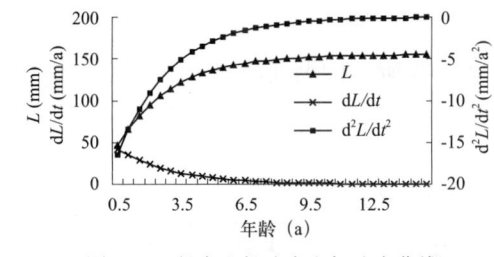

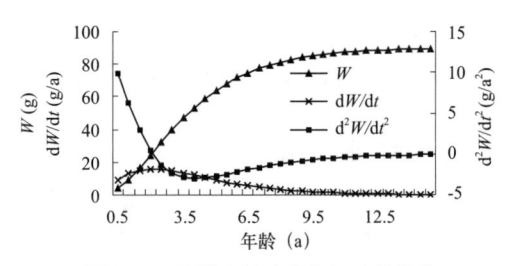

图33-5 长度生长速度和加速度曲线　　图33-6 重量生长速度和加速度曲线

表33-3 重量生长拐点

调查年份	海区	拐点年龄(a)	拐点重量(g)	拐点对应长度SL(mm)
2005–2006	广东海域	2.10	30	97

33.5 繁殖

表33-4 繁殖参数

调查年份	海区	产卵期（月份）	产卵盛期（月份）
1964–1965	南海北部大陆架	4—8	6—8

34 长鳍蓝子鱼 *Siganus canaliculatus* (Park, 1797)

34.1 分类

分类：鲈形目 PERCIFORMES
　　　蓝子鱼科 Siganidae
　　　蓝子鱼属 *Siganus*

英文名：White-spotted spinefoot

俗称：圯蜢，黎蜢。

图34-1　长鳍蓝子鱼

34.2 分布与生活习性

分布：印度-西太平洋。中国东海、南海及台湾海峡。

生活习性：暖水性。底层种类。栖息于岩礁、藻礁、潟湖或河口区。

34.3 长度重量关系

表34-1　长度与重量参数

调查年份	海区	长度范围 SL(mm)	重量范围 (g)	长度重量关系 $W=aL^b$	
				a	b
2005-2006	广东海域	56~240	2.2~271	$2.597×10^{-5}$	2.9404

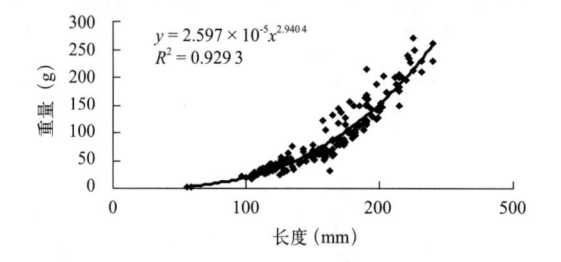

$y = 2.597 × 10^{-5} x^{2.9404}$
$R^2 = 0.9293$

(2005-2006年广东海域调查)
图34-2　长度重量关系曲线图

34.4 生长方程

表34-2 生长方程参数

调查年份	海区	von Bertalanffy 生长方程参数（长度频率法）		
		SL_∞(mm)	K	t_0(a)
2005-2006	广东海域	268	0.73	-0.214

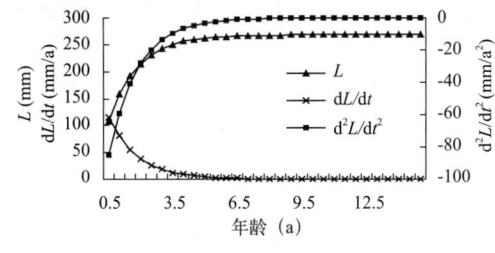

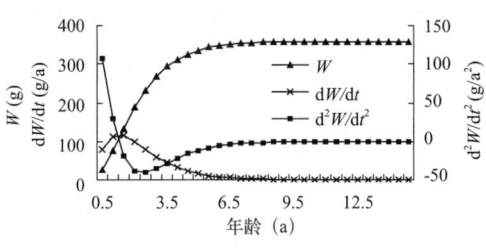

图34-3 长度生长速度和加速度曲线

图34-4 重量生长速度和加速度曲线

表34-3 重量生长拐点

调查年份	海区	拐点年龄 (a)	拐点重量 (g)	拐点对应长度 SL(mm)
2005-2006	广东海域	2.10	30	97

34.5 死亡与开发参数

表34-4 死亡与开发参数

调查年份	海区	M	Z	F	E	SL_{50}(mm)
2005-2006	广东海域	1.32	2.14	0.82	0.38	116

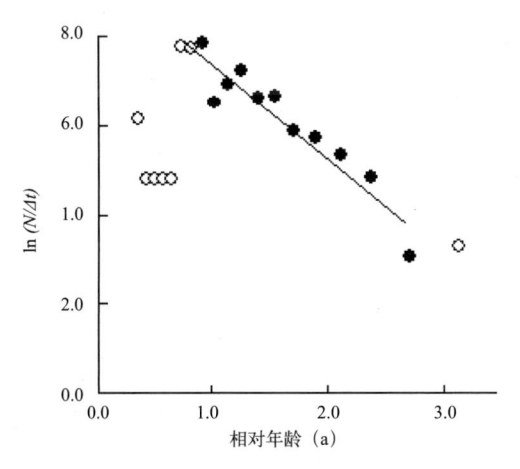

图34-5 长度变换渔获曲线图

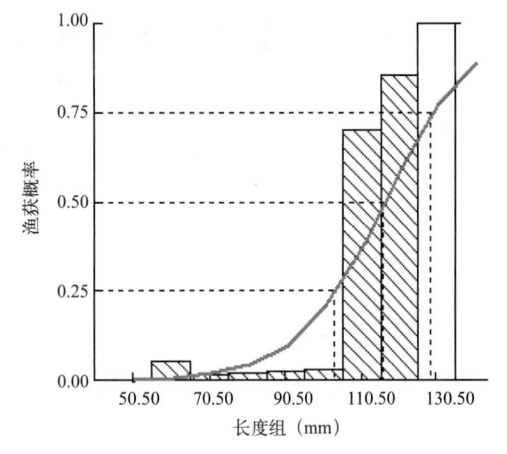

(SL_{25}=103mm，SL_{50}=116mm，SL_{75}=129mm)
图34-6 渔获概率曲线图

34.6 单位补充量渔获量方程参数

表 34-5 最大年龄 t_λ

实测法 (a)	Taylor 方法 (a)	Alverson 和 Carner 方法 (a)	自然死亡系数法 (a)	综合法 (a)
3.00	3.89	5.36	1.96	4.00

表 34-6 单位补充量渔获量方程相关参数

M	t_r(a)	t_λ(a)	t_0(a)	W_∞(g)	K
1.32	0.107	4.00	−0.21	358	0.73

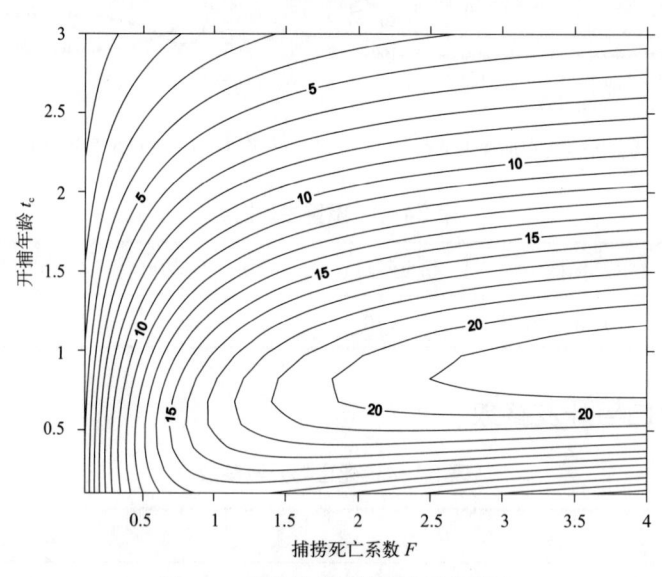

图34-7 单位补充量等渔获量曲线图

34.7 首次性成熟年龄与开捕年龄

表 34-7 首次性成熟年龄 t_m

Froese 法 (a)	实测法 (a)	综合取值 (a)	综合取值对应长度 SL_m(mm)
1.13	0.51	0.51	110

表 34-8 开捕年龄 t_c

个体性成熟法 (a)	拐点年龄法 (a)	等渔获量曲线法 (a)	综合法 (a)	开捕长度 SL_c(mm)	F 取值
0.51	2.10	0.00~0.57	0.57	117	0.82~2.69

35　小带鱼 *Eupleurogrammus muticus* (Gray, 1831)

35.1　分类

分类：鲈形目 PERCIFORMES
　　　带鱼科 Trichiuridae
　　　　小带鱼属 *Eupleurogrammus*

英文名：Smallhead hairtail

俗称：牙带，白带，小金叉，刀带。

图35-1　小带鱼

35.2　分布与生活习性

分布：印度-西太平洋。中国沿海。

生活习性：暖水性。中下层种类。主要栖息于沿岸浅水区。

35.3　长度重量关系

表 35-1　长度与重量参数

调查年份	海区	长度范围 AL(mm)	长度重量关系 $W=aL^b$	
			a	b
1997–1998	珠江口	15~160	3.234×10^{-5}	2.923

35.4　生长方程

表 35-2　生长方程参数

调查年份	海区	von Bertalanffy 生长方程参数（长度频率法）		
		AL_∞(mm)	K	t_0(a)
1997–1998	珠江口	175	1.70	−0.08

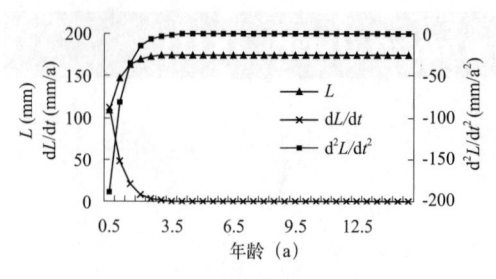

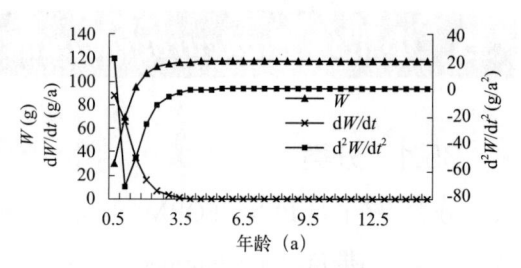

图35-2 长度生长速度和加速度曲线　　　　图35-3 重量生长速度和加速度曲线

表35-3 重量生长拐点

调查年份	海区	拐点年龄 (a)	拐点重量 (g)	拐点对应长度 AL(mm)
1997–1998	珠江口	0.55	36	115

35.5 死亡与开发参数

表35-4 死亡与开发参数

调查年份	海区	M	Z	F	E	AL_{50}(mm)
1997–1998	珠江口	2.02	3.78	1.76	0.47	46

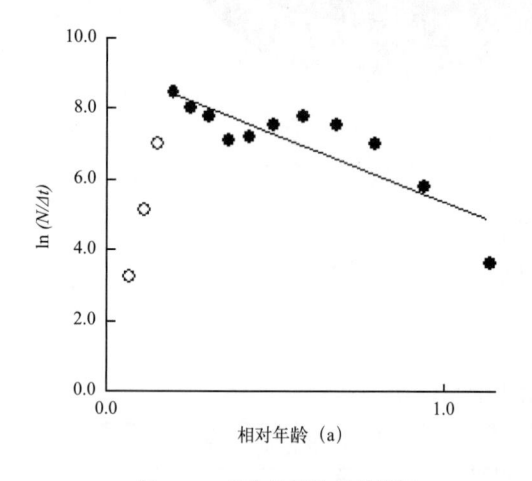

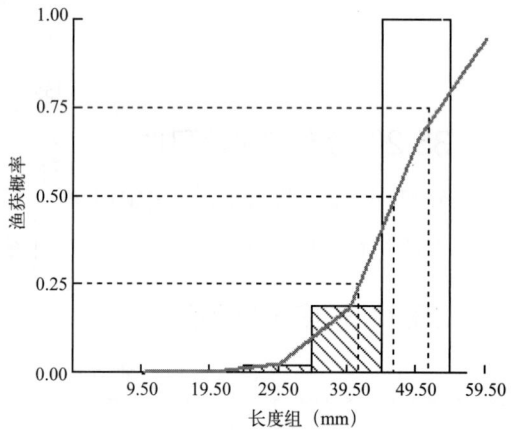

图35-4 变换体长渔获曲线图

(AL_{25}=41mm, AL_{50}=46mm, AL_{75}=51mm)
图35-5 渔获概率曲线图

35.6 单位补充量渔获量方程参数

表35-5 最大年龄 t_λ

实测法 (a)	Taylor 方法 (a)	Alverson 和 Carner 方法 (a)	自然死亡系数法 (a)	综合法 (a)
2.00	1.68	2.96	1.28	3.00

表 35-6 单位补充量渔获量方程相关参数

M	t_r(a)	t_λ(a)	t_0(a)	W_∞(g)	K
2.02	0.033	3.00	−0.08	116	1.70

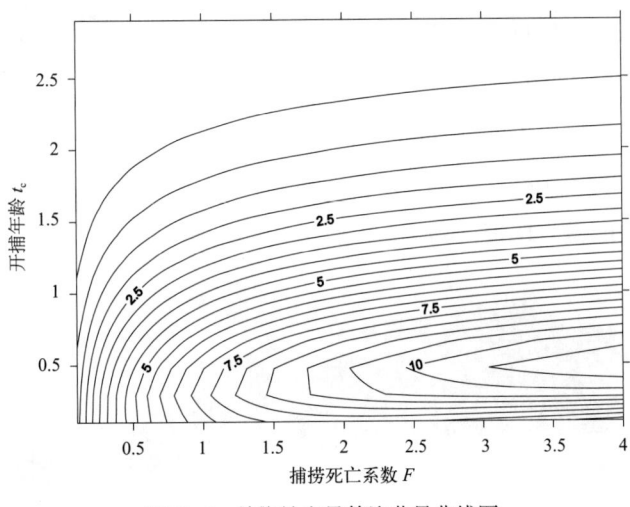

图35-6 单位补充量等渔获量曲线图

35.7 首次性成熟年龄与开捕年龄

表 35-7 首次性成熟年龄 t_m

Froese 法 (a)	实测法 (a)	综合取值 (a)	综合取值对应长度 AL_m(mm)
0.84	0.42	0.42	109

表 35-8 开捕年龄 t_c

个体性成熟法 (a)	拐点年龄法 (a)	等渔获量曲线法 (a)	综合法 (a)	开捕长度 AL_c(mm)	F 取值
0.42	0.55	0.05~0.38	0.50	109	4.19~10.60

36　沙带鱼 *Lepturacanthus savala* (Cuvier, 1829)

36.1　分类

分类：鲈形目 PERCIFORMES

　　　　带鱼科 Trichiuridae

　　　　　沙带鱼属 *Lepturacanthus*

英文名：Savalai hairtail

俗称：黄带，白带，珠带，乌目。

图36-1　沙带鱼

36.2　分布与生活习性

分布：印度–西太平洋。中国东海、南海及台湾海峡。

生活习性：暖水性。中下层种类。近海生活。

36.3　长度重量关系

表 36-1　长度与重量参数

调查年份	海区	长度范围 AL(mm)	长度重量关系 $W=aL^b$	
			a	b
1997–1998	珠江口	30~195	1.981×10^{-5}	2.978

36.4　生长方程

表 36-2　生长方程参数

调查年份	海区	von Bertalanffy 生长方程参数（长度频率法）		
		AL_∞(mm)	K	t_0(a)
1997–1998	珠江口	211	0.58	−0.23

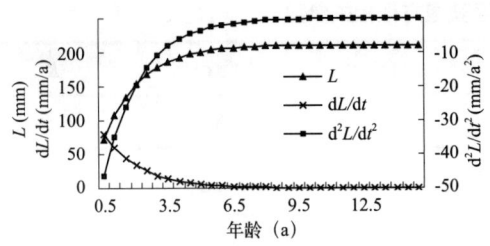

图36-2 长度生长速度和加速度曲线

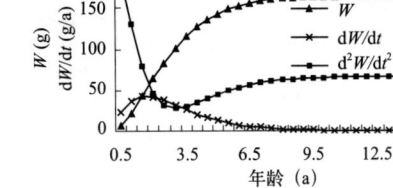

图36-3 重量生长速度和加速度曲线

表36-3 重量生长拐点

调查年份	海区	拐点年龄 (a)	拐点重量 (g)	拐点对应长度 AL(mm)
1997-1998	珠江口	1.65	49	140

36.5 死亡与开发参数

表36-4 死亡与开发参数

调查年份	海区	M	Z	F	E	AL_{50}(mm)
1997-1998	珠江口	0.96	2.75	1.79	0.65	59

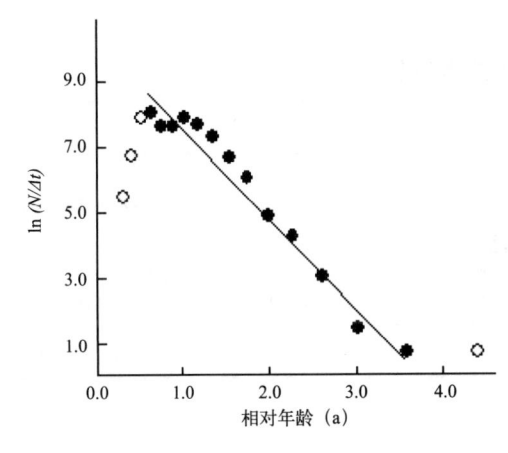

图36-4 长度变换渔获曲线图

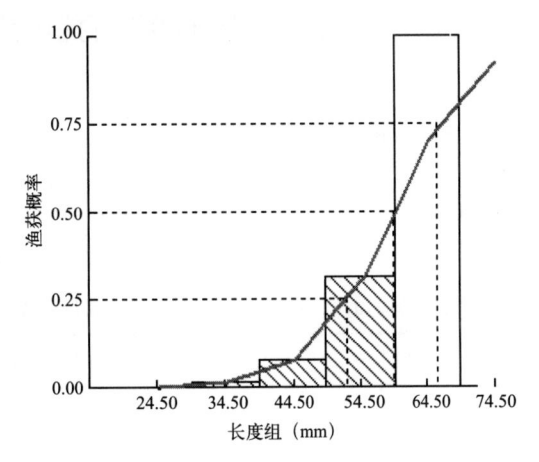

(AL_{25}=53mm,AL_{50}=59mm,AL_{75}=66mm)
图36-5 渔获概率曲线图

36.6 单位补充量渔获量方程参数

表36-5 最大年龄 t_λ

实测法 (a)	Taylor 方法 (a)	Alverson 和 Carner 方法 (a)	自然死亡系数法 (a)	综合法 (a)
4.00	4.94	7.13	2.69	6.00

表 36-6　单位补充量渔获量方程相关参数

M	t_r(a)	t_λ(a)	t_0(a)	W_∞(g)	K
0.96	0.034	6.00	−0.23	165	0.58

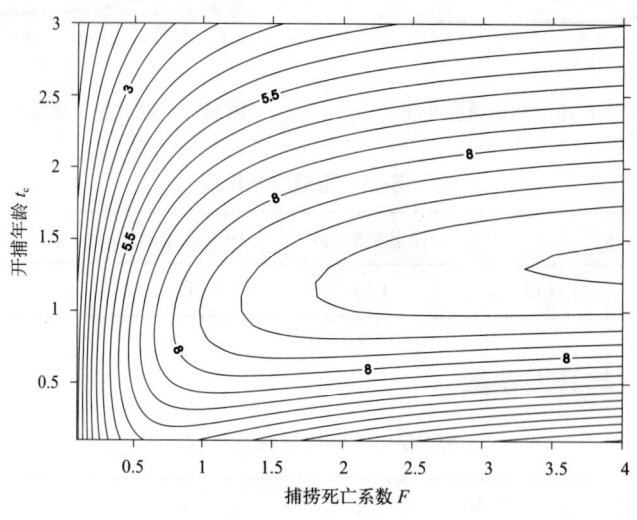

图36-6　单位补充量等渔获量曲线图

36.7　首次性成熟年龄与开捕年龄

表 36-7　首次性成熟年龄 t_m

Froese 法 (a)	实测法 (a)	综合取值 (a)	综合取值对应长度 AL_m(mm)
1.73	1.10	1.10	113

表 36-8　开捕年龄 t_c

个体性成熟法 (a)	拐点年龄法 (a)	等渔获量曲线法 (a)	综合法 (a)	开捕长度 AL_c(mm)	F 取值
1.10	1.65	0.75~1.16	1.15	116	1.79~4.30

37　短带鱼 *Trichiurus brevis* Wang & You, 1992

37.1　分类

分类：鲈形目 PERCIFORMES

　　　带鱼科 Trichiuridae

　　　带鱼属 *Trichiurus*

英文名：Chinese short-tailed hairtail

俗称：带鱼。

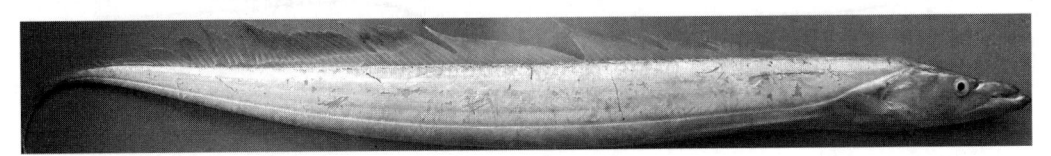

图37-1　短带鱼

37.2　分布与生活习性

分布：西北太平洋。中国南海。

生活习性：暖水性。中下层种类。近海生活。

37.3　长度重量关系

表 37-1　长度与重量参数

调查年份	海区	长度范围 AL(mm)	重量范围 (g)	长度重量关系 $W=aL^b$ a	b
1997–1999	南海北部	36~300	/	2.356×10^{-5}	2.943
2005–2006	广东海域	29~165	1.0~82	9.700×10^{-5}	2.639

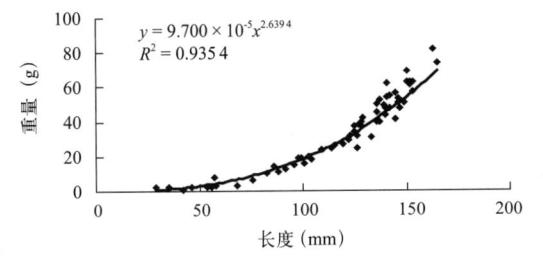

$y = 9.700 \times 10^{-5} x^{2.6394}$

$R^2 = 0.9354$

(2005–2006年广东海域调查)

图37-2　长度重量关系曲线图

37.4 生长方程

表 37-2 生长方程参数

调查年份	海区	von Bertalanffy 生长方程参数（长度频率法）		
		AL_∞(mm)	K	t_0(a)
1997—1999	南海北部	312	0.23	−0.555

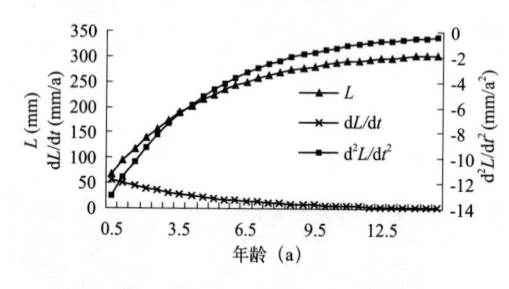

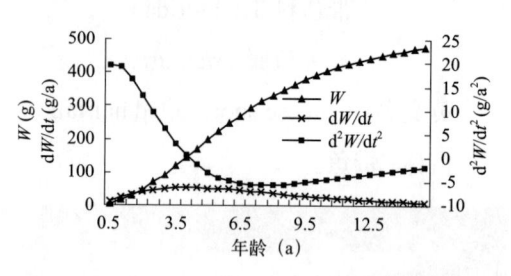

图37-3 长度生长速度和加速度曲线

图37-4 重量生长速度和加速度曲线

表 37-3 重量生长拐点

调查年份	海区	拐点年龄(a)	拐点重量(g)	拐点对应长度 AL(mm)
1997—1999	南海北部	4.14	156	206

37.5 死亡与开发参数

表 37-4 死亡与开发参数

调查年份	海区	M	Z	F	E	AL_{50}(mm)
1997—1999	南海北部	0.49	1.49	1.00	0.67	121

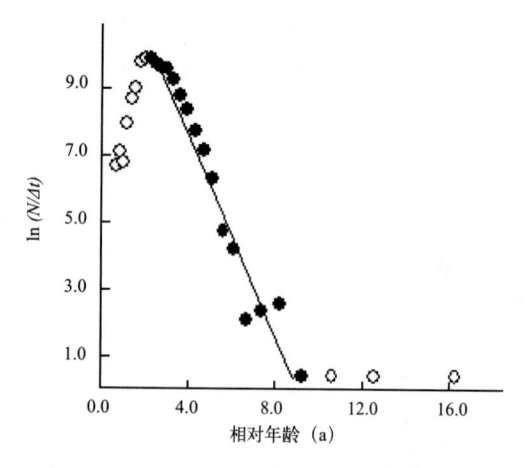

图37-5 长度变换渔获曲线图

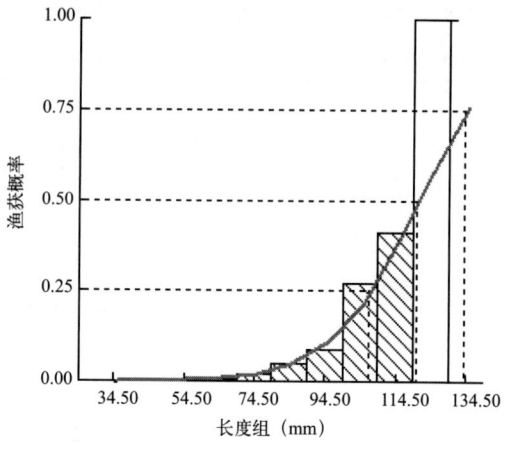

(AL_{25}=107mm，AL_{50}=121mm，AL_{75}=134mm)
图3-76 渔获概率曲线图

37.6 单位补充量渔获量方程参数

表 37-5 最大年龄 t_λ

实测法 (a)	Taylor 方法 (a)	Alverson 和 Carner 方法 (a)	自然死亡系数法 (a)	综合法 (a)
6.00	12.47	15.28	5.27	8.00

表 37-6 单位补充量渔获量方程相关参数

M	t_r(a)	t_λ(a)	t_0(a)	W_∞(g)	K
0.49	0.042	8.00	−0.56	516	0.23

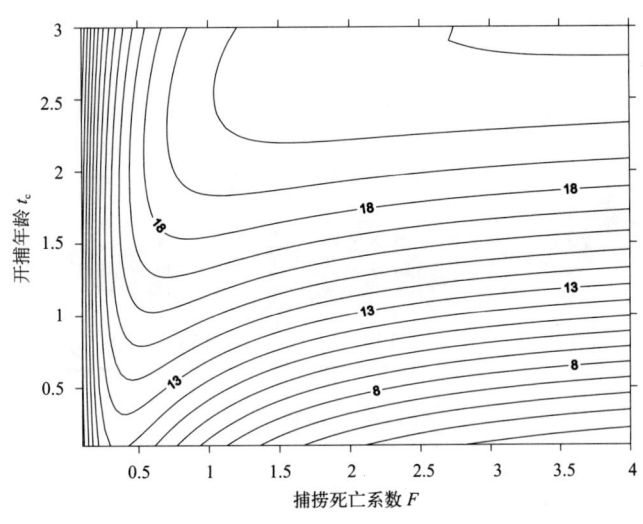

图37-7 单位补充量等渔获量曲线图

37.7 首次性成熟年龄与开捕年龄

表 37-7 首次性成熟年龄 t_m

Froese 法 (a)	实测法 (a)	综合取值 (a)	综合取值对应长度 AL_m(mm)
2.34	1.50	1.50	118

表 37-8 开捕年龄 t_c

个体性成熟法 (a)	拐点年龄法 (a)	等渔获量曲线法 (a)	综合法 (a)	开捕长度 AL_c(mm)	F 取值
1.50	4.14	1.67~2.50	2.50	157	1.00~2.30

38　高鳍带鱼 *Trichiurus lepturus* Linnaeus, 1758

38.1　分类

分类：鲈形目 PERCIFORMES

　　　带鱼科 Trichiuridae

　　　带鱼属 *Trichiurus*

同种异名：*Trichiurus haumela* (Forsskål, 1775)，*Trichiurus japonicus* Temminck & Schlegel, 1844

英文名：Largehead hairtail

俗称：刀鱼，牙带鱼，白带，带鱼。

图38-1　高鳍带鱼

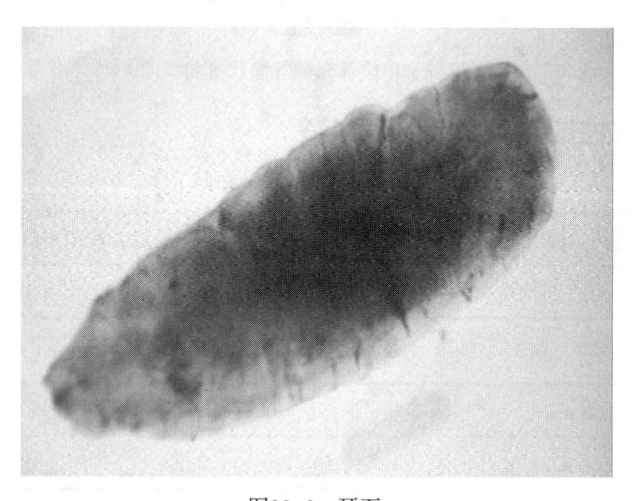

图38-2　耳石

38.2　分布与生活习性

分布：太平洋、大西洋和印度洋。中国沿海。

生活习性：暖水性。中下层种类。主要栖息于近海 60~90 m 泥质海域。

38.3 长度重量关系

表 38-1 长度与重量参数

调查年份	海区	长度范围 AL(mm)	重量范围 (g)	年龄范围 (a)	长度重量关系 $W=aL^b$ a	b
1964–1965	南海北部大陆架	50~590	/	/	/	/
1982–1983	南海北部大陆架	130~760	/	0~6	/	/
1997–1999	南海北部	20~896	/	/	$1.156×10^{-5}$	3.039
2005–2006	广东海域	28~508	0.7~2 170	/	$2.638×10^{-5}$	2.868

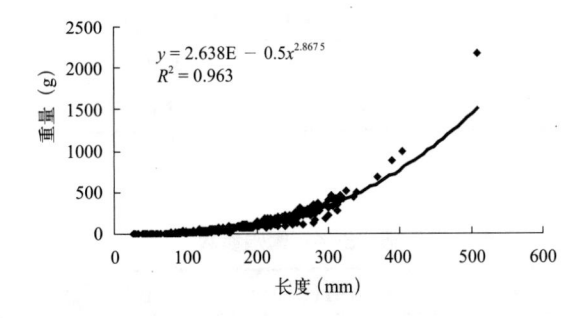

(2005–2006年广东海域调查)

图38-3 长度重量关系曲线图

38.4 生长方程

表 38-2 生长方程参数

调查年份	海区	von Bertalanffy 生长方程参数（长度频率法） AL_∞(mm)	K	t_0(a)
1997–1999	南海北部	930	0.12	−0.84
2005–2006	广东海域	530	0.18	−1.22

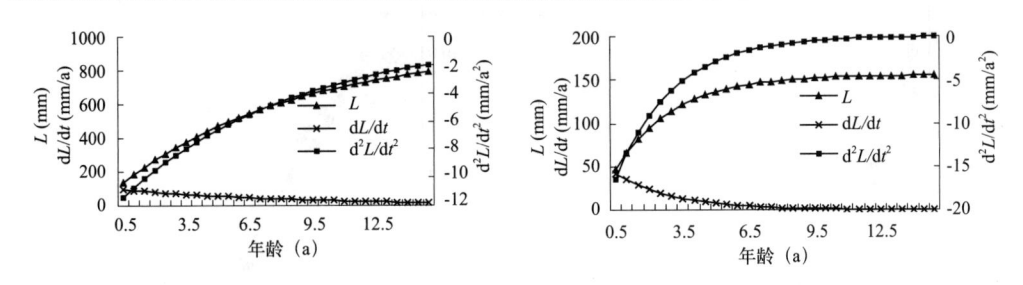

(1997–1999年南海北部调查)　　(2005–2006年广东海域调查)

图38-4 长度生长速度和加速度曲线

(1997-1999年南海北部调查)   (2005-2006年广东海域调查)

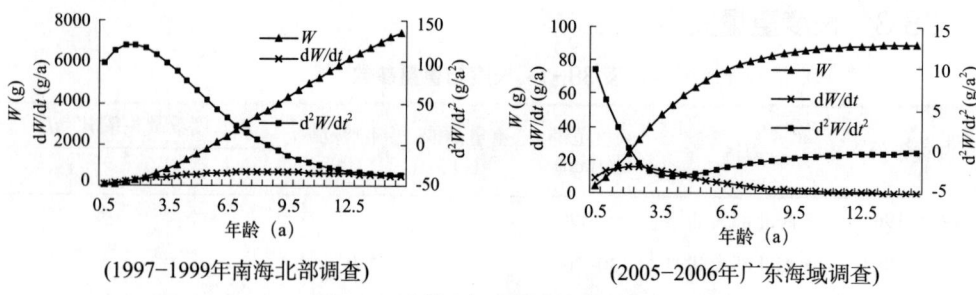

图38-5　重量生长速度和加速度曲线

表38-3　重量生长拐点

调查年份	海区	拐点年龄 (a)	拐点重量 (g)	拐点对应长度 AL(mm)
1997–1999	南海北部	8.42	3540	624
2005–2006	广东海域	4.63	536	345

38.5　繁殖

表38-4　繁殖参数

调查年份	海区	产卵期(月份)	产卵盛期(月份)	个体繁殖力(万粒)
1964–1965	南海北部大陆架	2—11	4—10	/
1982–1983	南海北部大陆架	3—11	4—10	3.00~27.00

38.6　死亡与开发参数

表38-5　死亡与开发参数

调查年份	海区	M	Z	F	E	AL_{50}(mm)
1997–1999	南海北部	0.24	1.37	1.13	0.82	84
2005–2006	广东海域	0.42	1.47	1.05	0.71	192

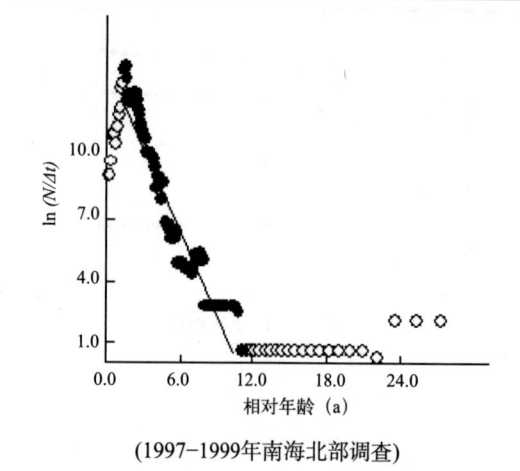

(1997-1999年南海北部调查)   (2005-2006年广东海域调查)

图38-6　长度变换渔获曲线图

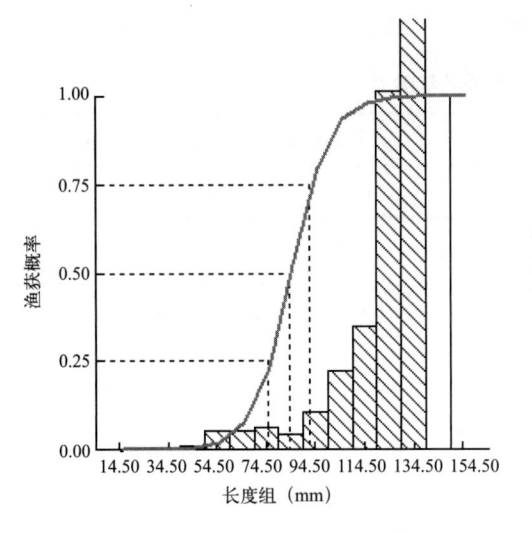

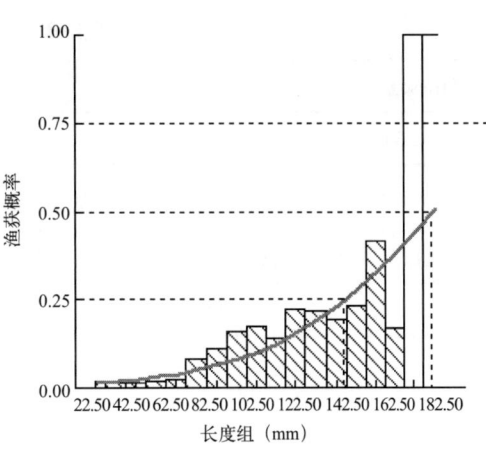

(AL_{25}=75mm, AL_{50}=84mm, AL_{75}=92mm,
1997-1999年南海北部调查)

(AL_{25}=146mm, AL_{50}=192mm, AL_{75}=237mm,
2005-2006年广东海域调查)

图38-7 渔获概率曲线图

38.7 单位补充量渔获量方程参数

表38-6 最大年龄 t_λ

实测法(a)	Taylor方法(a)	Alverson和Carner方法(a)	自然死亡系数法(a)	综合法(a)
6.00	15.42	18.37	6.14	8.00

表38-7 单位补充量渔获量方程相关参数

M	t_r(a)	t_λ(a)	t_0(a)	W_∞(g)	K
0.42	0.072	8.00	−1.22	1711	0.18

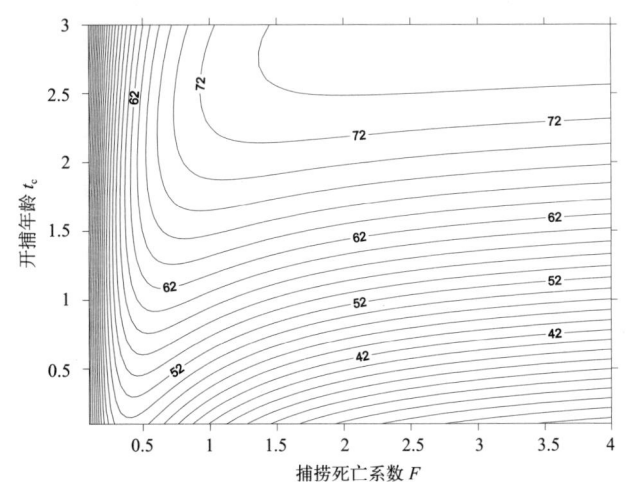

图38-8 单位补充量等渔获量曲线图

38.8 首次性成熟年龄与开捕年龄

表38-8 首次性成熟年龄 t_m

Froese 法 (a)	实测法 (a)	综合取值 (a)	综合取值对应长度 AL_m(mm)
2.34	1.09	1.09	180

表38-9 开捕年龄 t_c

个体性成熟法 (a)	拐点年龄法 (a)	等渔获量曲线法 (a)	综合法 (a)	开捕长度 AL_c(mm)	F 取值
1.09	4.63	1.82~2.61	1.82	223	0.39~1.05

39 鲐 *Scomber japonicus* Houttuyn, 1782

39.1 分类

分类：鲈形目 PERCIFORMES

　　　鲭科 Scombridae

　　　　鲭属 *Scomber*

英文名：Chub mackerel

俗称：青占，青辉，花池鱼，花巴，花鲱，花仙，巴浪。

图39-1 鲐

39.2 分布与生活习性

分布：印度-西太平洋。中国南海、东海、黄海及台湾海峡。

生活习性：暖水性。近海洄游种类。

39.3 长度重量关系

表 39-1 长度与重量参数

调查年份	海区	长度范围 FL(mm)	重量范围 (g)	年龄范围 (a)	长度重量关系 $W=aL^b$ a	b	备注
1982–1983	南海北部大陆架	/	/	0~5	5.947×10^{-6}	3.140	曾炳光等, 1989
2005–2006	广东海域	198~281	87~294	/	9.580×10^{-7}	3.465	

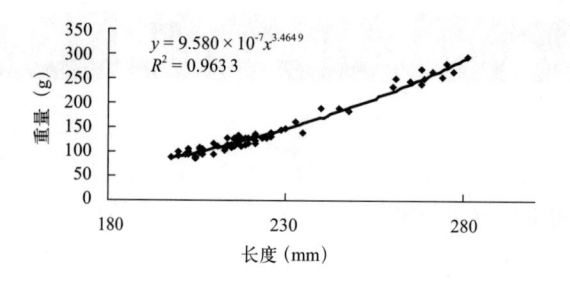

(2005-2006年广东海域调查)

图39-2 长度重量关系曲线图

39.4 生长方程

表39-2 生长方程参数

调查年份	海区	von Bertalanffy 生长方程参数（长度频率法）			备注
		FL_∞(mm)	K	t_0(a)	
1982—1983	南海北部大陆架	380	0.30	−2.02	曾炳光等，1989

图39-3 长度生长速度和加速度曲线

图39-4 重量生长速度和加速度曲线

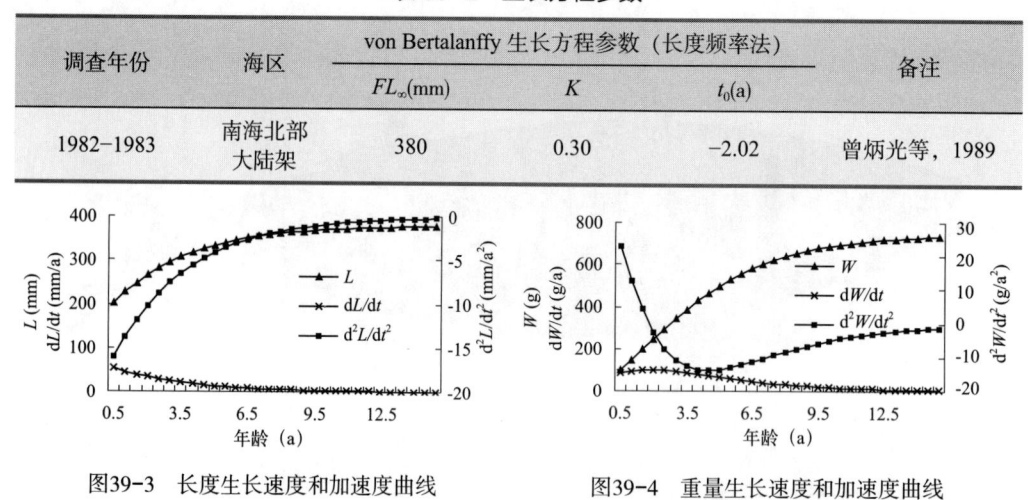

表39-3 重量生长拐点

调查年份	海区	拐点年龄 (a)	拐点重量 (g)	拐点对应长度 FL(mm)
1982—1983	南海北部大陆架	1.79	210	259

39.5 繁殖

表39-4 繁殖参数

调查年份	海区	性成熟最小年龄 (a)	性成熟最小长度 FL(mm)	产卵期（月份）	产卵盛期（月份）	个体繁殖力（万粒）
1982—1983	南海北部大陆架	1	210	12—6	1—4	15~20

40 刺鲳 *Psenopsis anomala* (Temminck & Schlegel, 1844)

40.1 分类

分类：鲈形目 PERCIFORMES

　　　　长鲳科 Centrolophidae

　　　　刺鲳属 *Psenopsis*

英文名：Pacific rudderfish

俗称：南鲳，瓜核，海仓，肉鱼，肉鲫仔。

图40-1　刺鲳

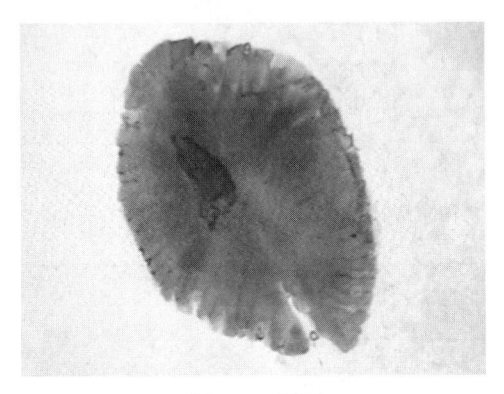

图40-2　耳石

40.2 分布与生活习性

分布：西太平洋。中国南海、东海及台湾海峡。

生活习性：暖水性。近海中下层鱼类。栖息水深 45~370 m。

40.3 长度重量关系

表40-1 长度与重量参数

调查年份	海区	长度范围(mm)	重量范围(g)	长度重量关系 $W=aL^b$ a	b	备注
1964—1965	南海北部大陆架	SL: 44~205	/	/	/	
2005—2006	广东海域	FL: 80~177	11~145	$3.210×10^{-6}$	3.404	$TL=1.1453FL-8.7803$ $FL=0.8987SL+30.436$

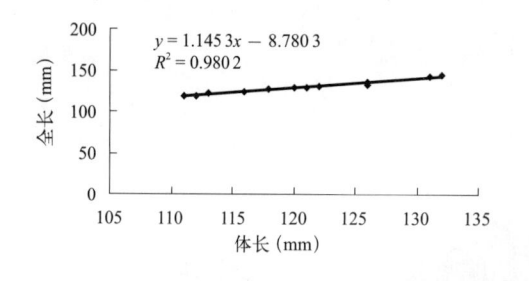

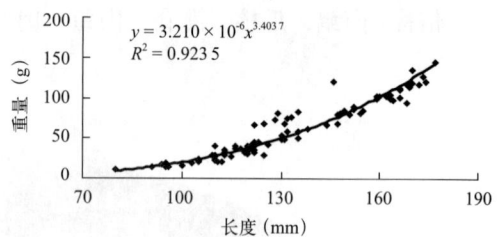

(2005—2006年广东海域调查)
图40-3 叉长全长关系曲线图

(2005—2006年广东海域调查)
图40-4 长度重量关系曲线图

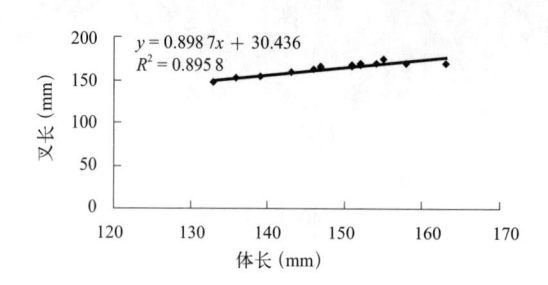

(2005—2006年广东海域调查)
图40-5 体长叉长关系曲线图

40.4 生长方程

表40-2 生长方程参数

调查年份	海区	von Bertalanffy 生长方程参数（年龄鉴定法） FL_∞(mm)	K	t_0(a)	备注
2005—2006	广东海域	190.22	0.772	-0.20	年龄材料为耳石。L_{1a}=92.56 mm，L_{2a}=145.10 mm，L_{3a}=173.23 mm

图40-6 长度生长速度和加速度曲线

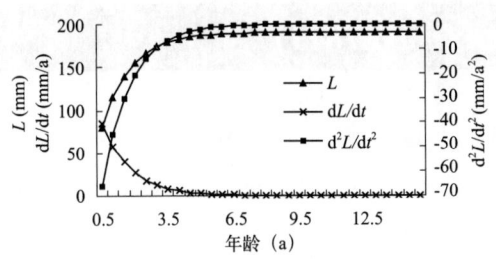

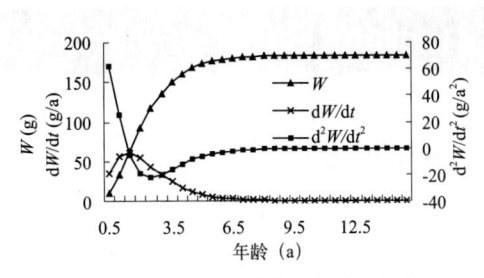

图40-7 重量生长速度和加速度曲线

表40-3 重量生长拐点

调查年份	海区	拐点年龄(a)	拐点重量(g)	拐点对应长度 FL(mm)
1987	珠江口	1.38	46	134

40.5 繁殖

表40-4 繁殖参数

调查年份	海区	产卵期(月份)	产卵盛期(月份)
1964—1965	南海北部大陆架	1—8	2,7—8

41 印度无齿鲳 *Ariomma indica* (Day, 1871)

41.1 分类

分类：鲈形目 PERCIFORMES
　　　无齿鲳科 Ariommatidae
　　　　无齿鲳属 *Ariomma*

英文名：Indian driftfish

俗称：叉尾，叉尾鲳，印度玉鲳，大眼南鲳。

图41-1　印度无齿鲳

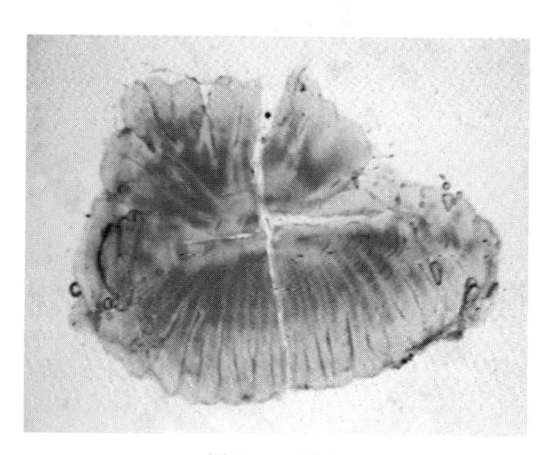

图41-2　耳石

41.2 分布与生活习性

分布：印度-太平洋。中国东海、南海及台湾海峡。

生活习性：暖水性。中下层种类。栖息于近海陆架 20~300 m 泥底区。

41.3 长度重量关系

表 41-1 长度与重量参数

调查年份	海区	长度范围 (mm)	重量范围 (g)	年龄范围 (a)	长度重量关系 $W=aL^b$ a	b	备注
1964-1965	南海北部大陆架	SL: /	/	0~3	$4.358×10^{-5}$	2.965	纯体重
2005-2006	广东海域	FL: 51~168	4.0~105	/	$7.572×10^{-5}$	2.742	

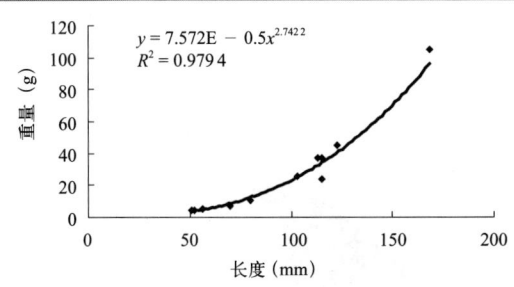

(2005-2006年广东海域调查)
图41-3 长度重量关系曲线图

41.4 生长方程

表 41-2 生长方程参数

调查年份	海区	von Bertalanffy 生长方程参数（长度频率法）		
		SL_∞(mm)	K	t_0(a)
1964-1965	南海北部大陆架	237	1.13	−0.13

图41-4 长度生长速度和加速度曲线

图41-5 重量生长速度和加速度曲线

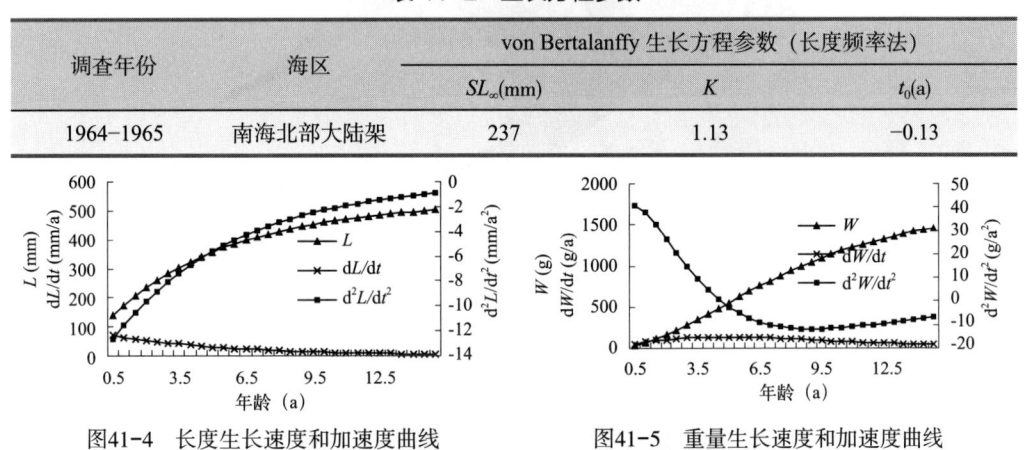

表 41-3 重量生长拐点

调查年份	海区	拐点年龄 (a)	拐点重量 (g)	拐点对应长度 SL(mm)
1964-1965	南海北部大陆架	0.83	144	157

41.5 繁殖

表 41-4 繁殖参数

调查年份	海区	性成熟最小长度 SL(mm)	产卵期（月份）	产卵盛期（月份）	个体繁殖力（万粒）
1964-1965	南海北部大陆架	120	11—7	12—1, 4—7	3.42~14.09

42 银鲳 *Pampus argenteus* (Euphrasen, 1788)

42.1 分类

分类：鲈形目 PERCIFORMES

　　　　鲳科 Stromateidae

　　　　　鲳属 *Pampus*

英文名：Silver pomfret

俗称：白鲳，鲳鱼，草鲳，平鱼，扁鱼，白仓，长林，车片鱼，镜鱼，乌伦，枫树。

图42-1　银鲳

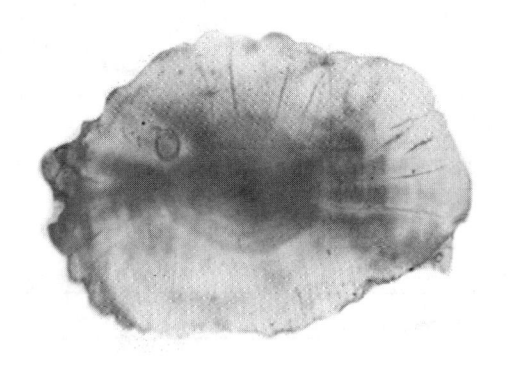

图42-2　耳石

42.2 分布与生活习性

分布：印度-西太平洋。中国沿海。

生活习性：暖水性。中下层种类。栖息于近海水深 5~110 m 海域。

42.3 长度重量关系

表42-1 长度与重量参数

调查年份	海区	长度范围 FL(mm)	重量范围 (g)	长度重量关系 $W=aL^b$ a	b
1987	珠江口	15~269	/	$8.000×10^{-5}$	2.808
1997—1998	珠江口	20~255	/	$2.449×10^{-5}$	3.026
2005—2006	广东海域	173~286	136~943	/	/

42.4 生长方程

表42-2 生长方程参数

调查年份	海区	von Bertalanffy生长方程参数（长度频率法） $FL_∞$(mm)	K	t_0(a)	备注
1987	珠江口	310	0.20	−0.80	长度频率法
1997—1998	珠江口	261	0.35	−0.47	长度频率法
2005	珠江口	360	0.23	−1.14	长度频率法(舒黎明等)

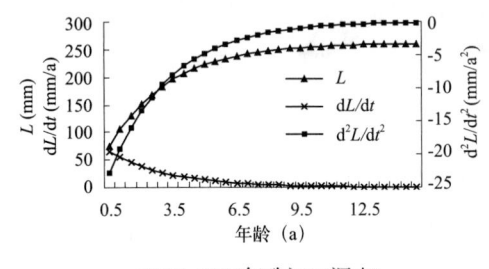

(1997—1998年珠江口调查)
图42-3 长度生长速度和加速度曲线

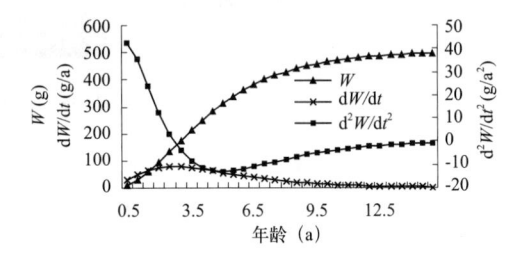

(1997—1998年珠江口调查)
图42-4 重量生长速度和加速度曲线

表42-3 重量生长拐点

调查年份	海区	拐点年龄 (a)	拐点重量 (g)	拐点对应长度 FL(mm)
1987	珠江口	4.36	254	200
1997—1998	珠江口	2.69	148	175

42.5 繁殖

表42-4 繁殖参数

调查年份	海区	性成熟最小长度 FL (mm)	产卵期（月份）
1987	珠江口	121	1—4, 8—9

42.6 死亡与开发参数

表 42-5 死亡与开发参数

调查年份	海区	M	Z	F	E	FL_{50}(mm)
1987	珠江口	0.55	0.65	0.10	0.15	84
1997–1998	珠江口	0.83	1.25	0.42	0.34	38

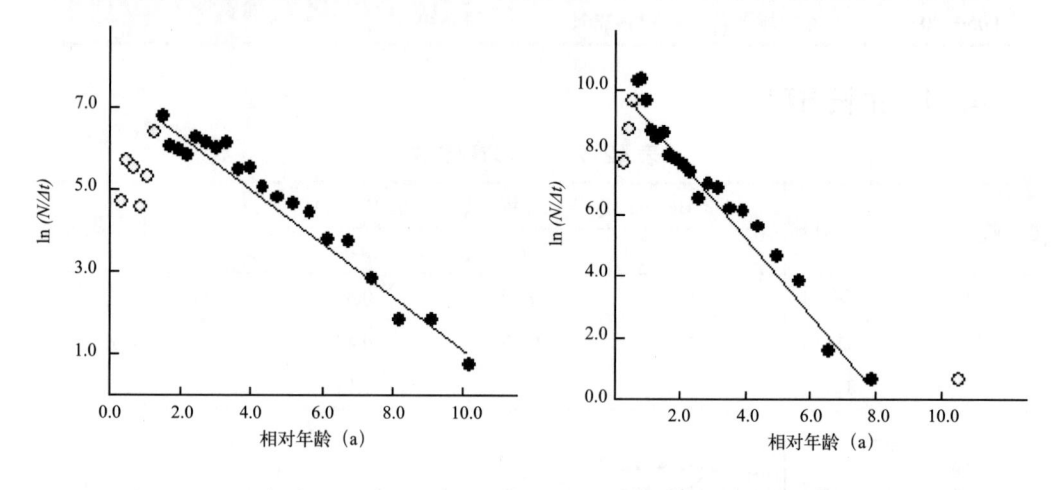

(1987年珠江口调查)　　　　　　　　　(1997–1998珠江口调查)

图 42-5　长度变换渔获曲线图

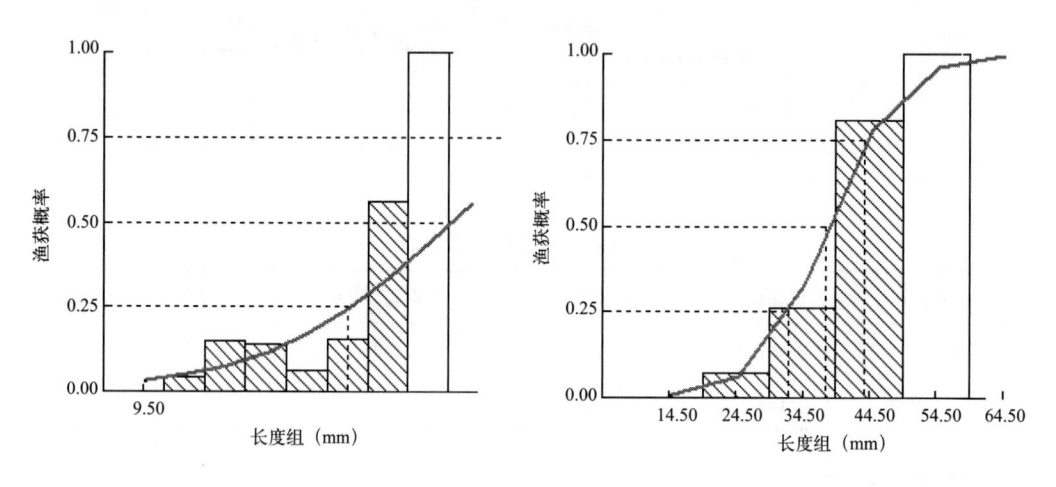

(FL_{25}=60mm, FL_{50}=84mm, FL_{75}=109mm,　　(FL_{25}=32mm, FL_{50}=38mm, FL_{75}=44mm,
1987年珠江口调查)　　　　　　　　　　　1997–1998年珠江口调查)

图 42-6　渔获概率曲线图

42.7 单位补充量渔获量方程参数

表 42-6　最大年龄 t_λ

实测法 (a)	Taylor 方法 (a)	Alverson 和 Carner 方法 (a)	自然死亡系数法 (a)	综合法 (a)
6.00	8.09	9.34	3.11	7.00

表 42-7　单位补充量渔获量方程相关参数

M	t_r(a)	t_λ(a)	t_0(a)	W_∞(g)	K
0.83	0.140	7.00	−0.47	503	0.35

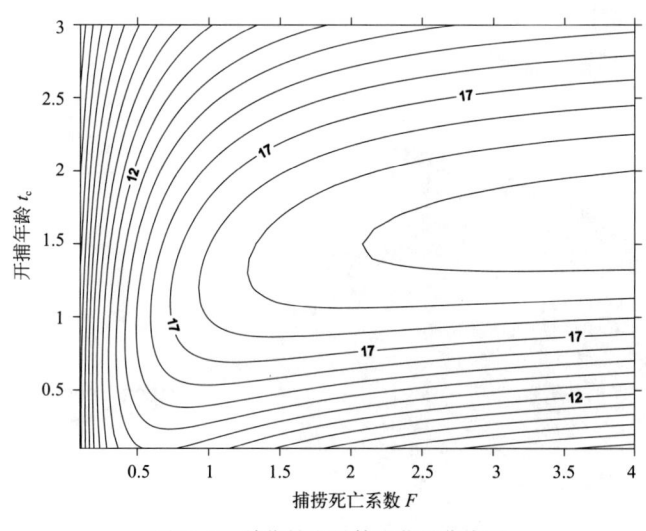

图42-7　单位补充量等渔获量曲线图

42.8 首次性成熟年龄与开捕年龄

表 42-8　首次性成熟年龄 t_m

Froese 法 (a)	实测法 (a)	综合取值 (a)	综合取值对应长度 FL_m(mm)
2.04	1.31	1.31	121

表 42-9　开捕年龄 t_c

个体性成熟法 (a)	拐点年龄法 (a)	等渔获量曲线法 (a)	综合法 (a)	开捕长度 FL_c(mm)	F 取值
1.31	2.69	0.00~0.85	1.31	121	1.23~3.08

43　灰鲳 *Pampus cinereus* (Bloch, 1795)

43.1　分类

分类：鲈形目 PERCIFORMES

　　　　鲳科 Stromateidae

　　　　　鲳属 *Pampus*

同种异名：*Pampus nozawae* (Ishikawa, 1904)

英文名：Pomfret

俗称：暗鲳，其鲳，黑鳍。

图43-1　灰鲳

43.2　分布与生活习性

分布：太平洋。中国东海、南海及台湾海峡。

生活习性：暖水性。中下层种类。栖息于近海水深 30~70 m 海域。

43.3　长度重量关系

表 43-1　长度与重量参数

调查年份	海域	长度范围 FL(mm)	重量范围 (g)	长度重量关系 $W=aL^b$	
				a	b
1987	珠江口	27~320	/	5.034×10^{-5}	2.908
2005–2006	广东海域	194~228	216~237	/	/

43.4 生长方程

表43-2 生长方程参数

调查年份	海区	von Bertalanffy 生长方程参数（长度频率法）		
		FL_∞(mm)	K	t_0(a)
1987	珠江口	360	0.14	−1.10

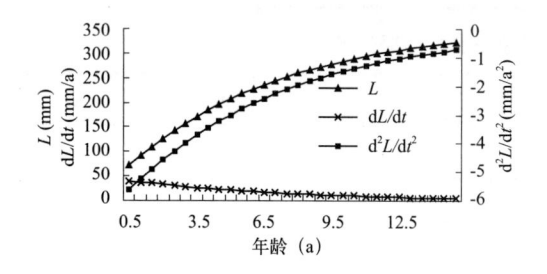

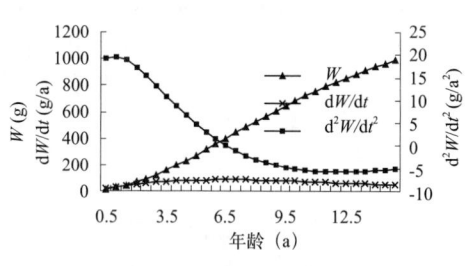

图43-2 长度生长速度和加速度曲线

图43-3 重量生长速度和加速度曲线

表43-3 重量生长拐点

调查年份	海区	拐点年龄 (a)	拐点重量 (g)	拐点对应长度 FL(mm)
1987	珠江口	6.52	420	236

43.5 死亡与开发参数

表43-4 死亡与开发参数

调查年份	海区	M	Z	F	E	FL_{50}(mm)
1987	珠江口	0.42	0.50	0.08	0.16	88

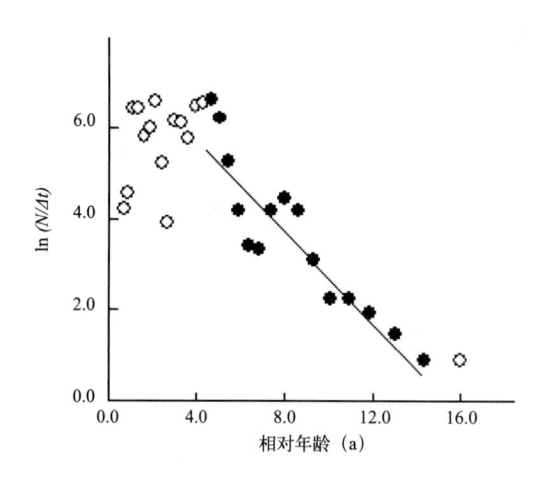

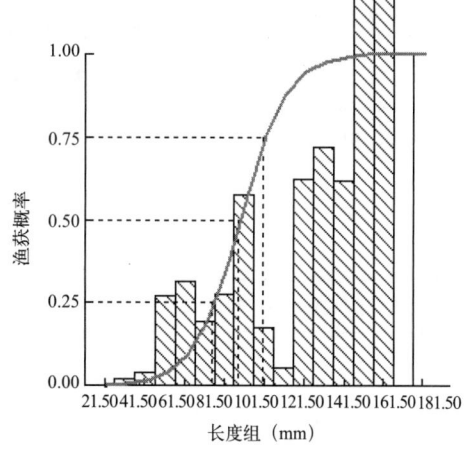

图43-4 长度变换渔获曲线图

(FL_{25}=75mm，FL_{50}=88mm，FL_{75}=101mm)
图43-5 渔获概率曲线图

43.6 单位补充量渔获量方程参数

表 43-5 最大年龄 t_λ

实测法 (a)	Taylor 方法 (a)	Alverson 和 Carner 方法 (a)	自然死亡系数法 (a)	综合法 (a)
6.00	20.30	19.80	6.14	7.00

表 43-6 单位补充量渔获量方程相关参数

M	t_r(a)	t_λ(a)	t_0(a)	W_∞(g)	K
0.42	0.198	7.00	−1.10	1367	0.14

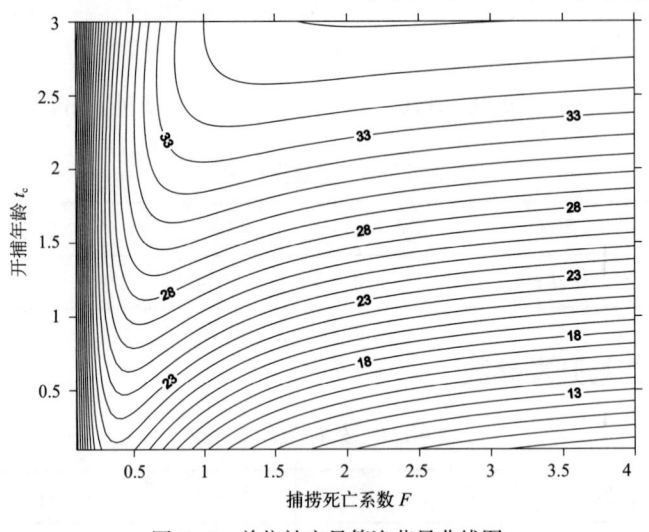

图43-6 单位补充量等渔获量曲线图

43.7 首次性成熟年龄与开捕年龄

表 43-7 首次性成熟年龄 t_m

Froese 法 (a)	实测法 (a)	综合取值 (a)	综合取值对应长度 FL_m(mm)
2.04	1.50	1.50	110

表 43-8 开捕年龄 t_c

个体性成熟法 (a)	拐点年龄法 (a)	等渔获量曲线法 (a)	综合法 (a)	开捕长度 FL_c(mm)	F 取值
1.50	6.52	0.00~0.67	1.50	110	0.22~0.72

44　黄鳍马面鲀 *Thamnaconus hypargyreus* (Cope, 1871)

44.1　分类

分类：鲀形目 TETRAODONTIFORMES

　　　单角鲀科 Monacanthidae

　　　马面鲀属 *Thamnaconus*

英文名：Lesser-spotted leatherjacket

俗称：羊鱼，迪仔，沙猛，羊仔，剥皮牛，孜孜鱼。

图44-1　黄鳍马面鲀

44.2　分布与生活习性

分布：印度-西太平洋。中国南海和东海。

生活习性：暖水性。底层种类。栖息于近海水深 50~225 m 海域。

44.3　长度重量关系

表 44-1　长度与重量参数

调查年份	海区	长度范围 SL(mm)	重量范围 (g)	长度重量关系 $W=aL^b$	
				a	b
1982–1983	南海北部大陆架	55~182	/	/	/
1997–1999	南海北部	40~170	/	1.534×10^{-4}	2.576
2005–2006	广东海域	81~150	20~92	2.208×10^{-4}	2.574

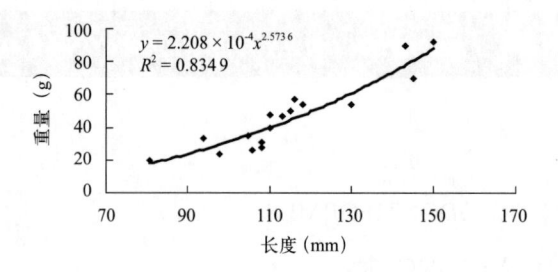

$$y = 2.208 \times 10^{-4} x^{2.5736}$$
$$R^2 = 0.8349$$

(2005—2006年广东海域调查)
图44-2　长度重量关系曲线图

44.4　生长方程

表 44-2　生长方程参数

调查年份	海区	von Bertalanffy 生长方程参数（长度频率法）		
		SL_∞(mm)	K	t_0(a)
1982—1983	南海北部大陆架	204	0.26	-2.40
1997—1999	南海北部	179	0.48	-0.38

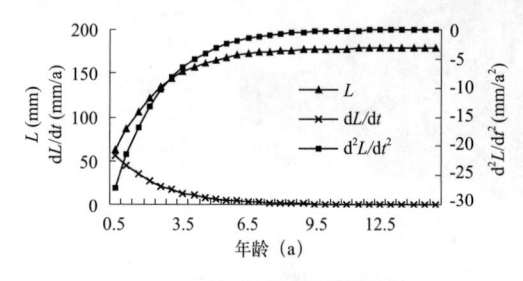

(1997—1999年南海北部调查)
图44-3　长度生长速度和加速度曲线

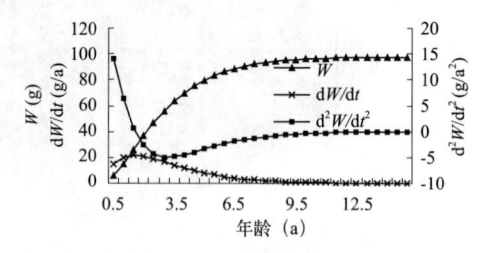

(1997—1999年南海北部调查)
图44-4　重量生长速度和加速度曲线

表 44-3　重量生长拐点

调查年份	海区	拐点年龄 (a)	拐点重量 (g)	拐点对应长度 SL(mm)
1997—1999	南海北部	1.59	34	110

44.5　繁殖

表 44-4　繁殖参数

调查年份	海区	产卵期（月份）	产卵盛期（月份）
1982—1983	南海北部大陆架	11—7	12—6

44.6　死亡与开发参数

表 44-5　死亡与开发参数

调查年份	海区	M	Z	F	E	SL_{50}(mm)
1997—1999	南海北部	1.16	2.27	1.11	0.49	53

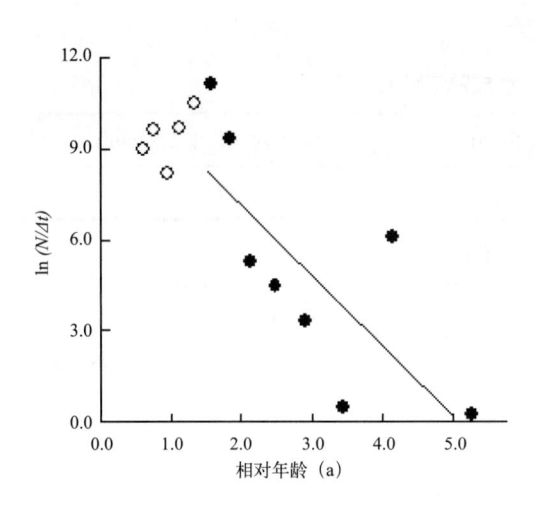

图44-5 长度变换渔获曲线图

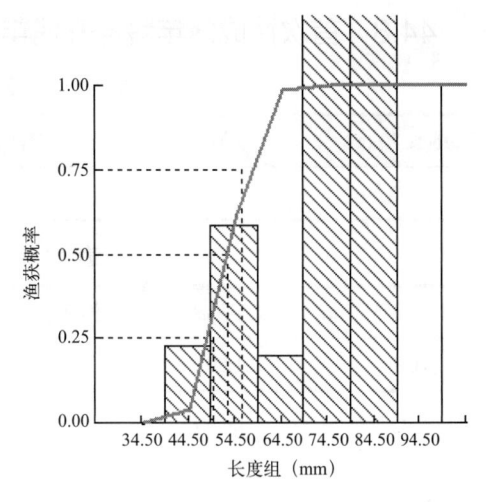

(SL_{25}=50mm，SL_{50}=53mm，SL_{75}=56mm)
图44-6 渔获概率曲线图

44.7 单位补充量渔获量方程参数

表44-6 最大年龄 t_λ

实测法 (a)	Taylor 方法 (a)	Alverson 和 Carner 方法 (a)	自然死亡系数法 (a)	综合法 (a)
4.00	5.86	6.73	2.23	6.00

表44-7 单位补充量渔获量方程相关参数

M	t_r(a)	t_λ(a)	t_0(a)	W_∞(g)	K
1.16	0.385	6.00	−0.38	98	0.48

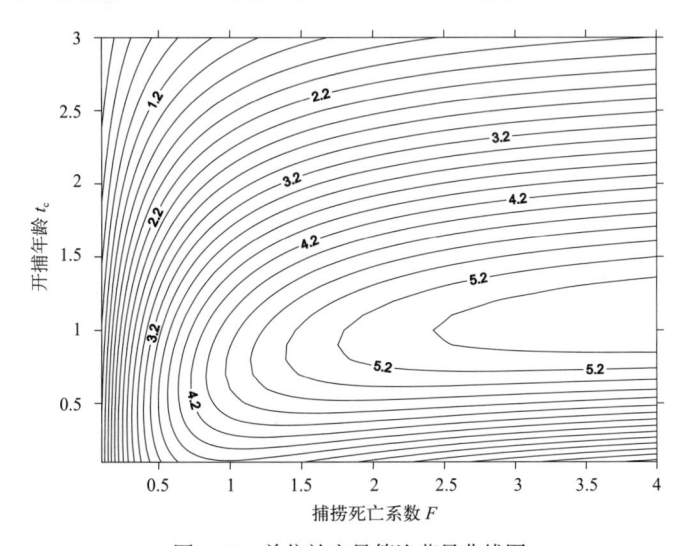

图44-7 单位补充量等渔获量曲线图

44.8 首次性成熟年龄与开捕年龄

表 44-8 首次性成熟年龄 t_m

Froese 法 (a)	实测法 (a)	综合取值 (a)	综合取值对应长度 SL_m(mm)
1.73	0.80	0.80	77

表 44-9 开捕年龄 t_c

个体性成熟法 (a)	拐点年龄法 (a)	等渔获量曲线法 (a)	综合法 (a)	开捕长度 SL_c(mm)	F 取值
0.80	1.59	0.40~0.77	0.86	80	1.48~3.80

45 棕斑兔头鲀 *Lagocephalus spadiceus* (Richardson, 1845)

45.1 分类

分类：鲀形目 TETRAODONTIFORMES

　　鲀科 Tetraodontidae

　　　兔头鲀属 *Lagocephalus*

英文名：Half-smooth golden pufferfish

俗称：河鲀，河豚，乌乖，青水乖，王鸡鱼，金龟鱼。

图45-1　棕斑兔头鲀

45.2 分布与生活习性

分布：印度-西太平洋。中国南海、东海及台湾海峡。

生活习性：暖水性。底层种类。生活于近海，也进入河口。

45.3 长度重量关系

表45-1　长度与重量参数

调查年份	海区	长度范围 SL(mm)	重量范围 (g)	长度重量关系 $W=aL^b$	
				a	b
1997–1998	珠江口	21~141	/	3.759×10^{-5}	2.971
2005–2006	广东海域	55~265	5.0~535	2.556×10^{-5}	2.982

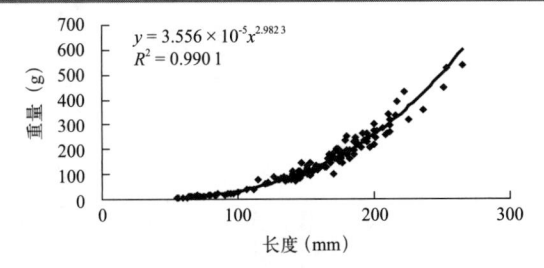

$y = 3.556 \times 10^{-5} x^{2.9823}$
$R^2 = 0.9901$

(2005–2006年广东海域调查)
图45-2　长度重量关系曲线图

45.4 生长方程

表 45-2 生长方程参数

调查年份	海区	von Bertalanffy 生长方程参数（长度频率法）		
		SL_∞(mm)	K	t_0(a)
1997—1998	珠江口	150	0.69	-0.27
2005—2006	广东海域	309	0.28	-0.57

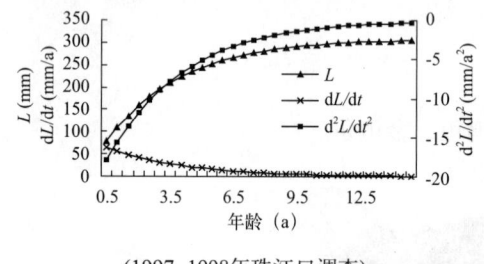

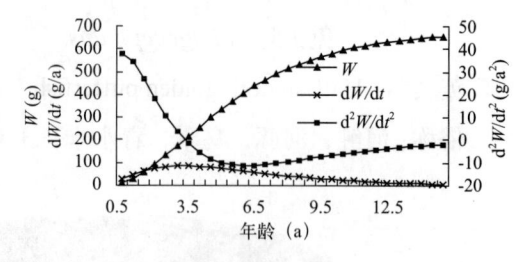

(1997—1998年珠江口调查)
图45-3 长度生长速度和加速度曲线

(1997—1998年珠江口调查)
图45-4 重量生长速度和加速度曲线

表 45-3 重量生长拐点

调查年份	海区	拐点年龄(a)	拐点重量(g)	拐点对应长度 SL(mm)
1997—1998	珠江口	1.31	33	100
2005—2006	珠江口	3.34	203	205

45.5 死亡与开发参数

表 45-4 死亡与开发参数

调查年份	海区	M	Z	F	E	SL_{50}(mm)
1997—1998	珠江口	1.52	2.23	0.71	0.32	48
2005—2006	广东海域	0.69	0.98	0.29	0.30	60

(1997—1998年珠江口调查)　　　　　(2005—2006年广东海域调查)

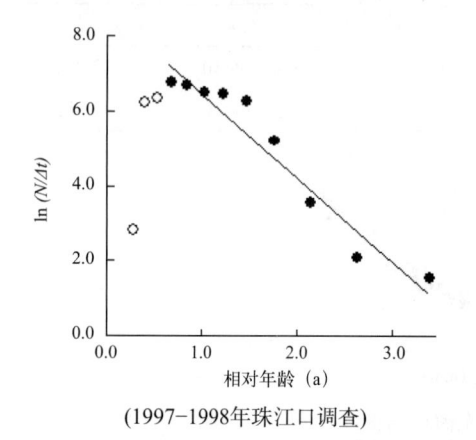

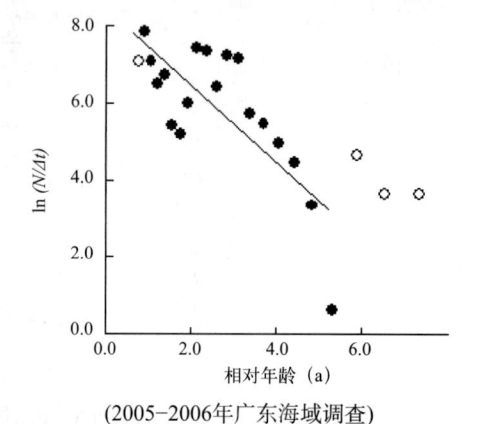

图45-5 长度变换渔获曲线图

(SL_{25}=43mm, SL_{50}=48mm, SL_{75}=53mm, 1997—1998年珠江口调查)

(SL_{25}=50mm, SL_{50}=60mm, SL_{75}=67mm, 2005—2006年广东海域调查)

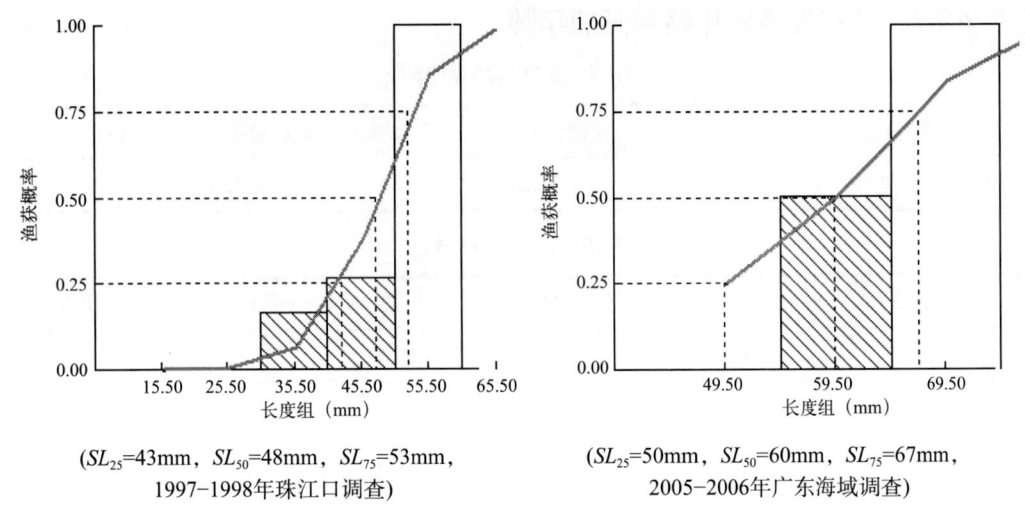

图45-6 渔获概率曲线图

45.6 单位补充量渔获量方程参数

表45-5 最大年龄 t_λ

实测法 (a)	Taylor 方法 (a)	Alverson 和 Carner 方法 (a)	自然死亡系数法 (a)	综合法 (a)
4.00	10.14	11.38	3.74	5.00

表45-6 单位补充量渔获量方程相关参数

M	t_r(a)	t_λ(a)	t_0(a)	W_∞(g)	K
0.69	0.065	5.00	−0.57	681	0.28

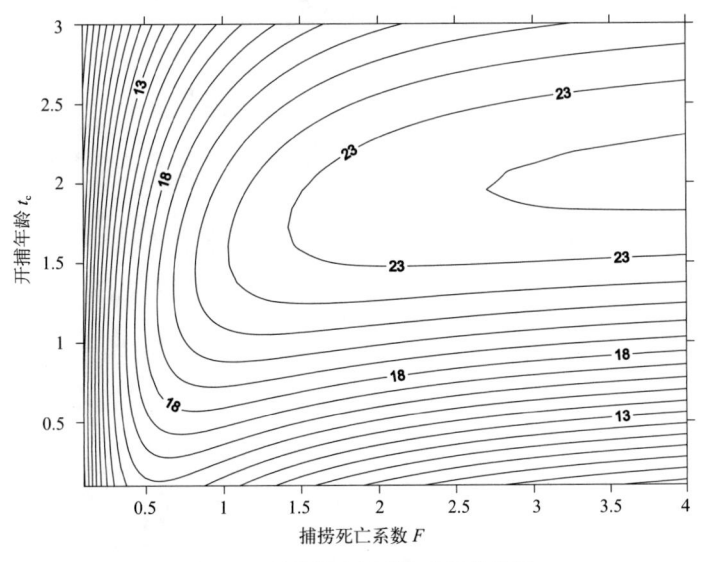

图45-7 单位补充量等渔获量曲线图

45.7 首次性成熟年龄与开捕年龄

表 45-7 首次性成熟年龄 t_m

Froese 法 (a)	实测法 (a)	综合取值 (a)	综合取值对应长度 SL_m(mm)
1.43	1.20	1.20	120

表 45-8 开捕年龄 t_c

个体性成熟法 (a)	拐点年龄法 (a)	等渔获量曲线法 (a)	综合法 (a)	开捕长度 SL_c(mm)	F 取值
1.20	3.34	0.00~0.87	1.20	120	0.53~1.49

46 黄鳍东方鲀 *Takifugu xanthopterus* (Temminck & Schlegel, 1850)

46.1 分类

分类：鲀形目 TETRAODONTIFORMES

　　　鲀科 Tetraodontidae

　　　　东方鲀属 *Fugu*

英文名：Yellowfin pufferfish

俗称：条纹东方鲀，花艇巴，花腊头，黄天霸，青朗鸡，乖枪鱼，鸡抱鱼，红目乖。

图46-1 黄鳍东方鲀

46.2 分布与生活习性

分布：西北太平洋。中国沿海。

生活习性：暖水性。生活于浅海，也进入河口。

46.3 长度重量关系

表 46-1 长度与重量参数

调查年份	海区	长度范围 SL(mm)	长度重量关系 $W=aL^b$	
			a	b
1997—1998	珠江口	17~201	6.723×10^{-5}	2.874

46.4 生长方程

表 46-2 生长方程参数

调查年份	海区	von Bertalanffy 生长方程参数（长度频率法）		
		SL_∞(mm)	K	t_0(a)
1997—1998	珠江口	207	0.83	−0.21

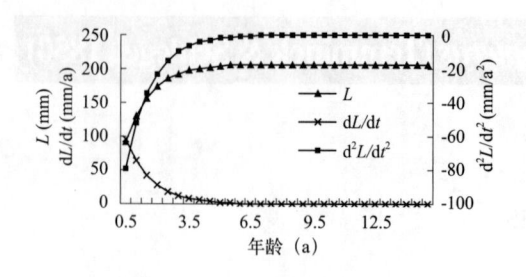

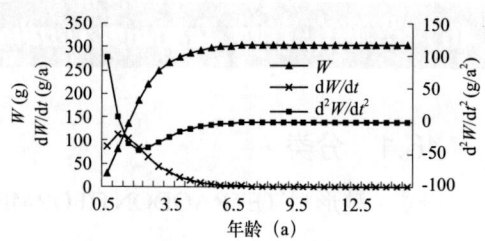

图46-2 长度生长速度和加速度曲线

图46-3 重量生长速度和加速度曲线

表46-3 重量生长拐点

调查年份	海区	拐点年龄 (a)	拐点重量 (g)	拐点对应长度 SL(mm)
1997-1998	珠江口	1.07	95	135

46.5 死亡与开发参数

表46-4 死亡与开发参数

调查年份	海区	M	Z	F	E	SL_{50}(mm)
1997-1999	南海北部	1.60	2.55	0.95	0.37	40

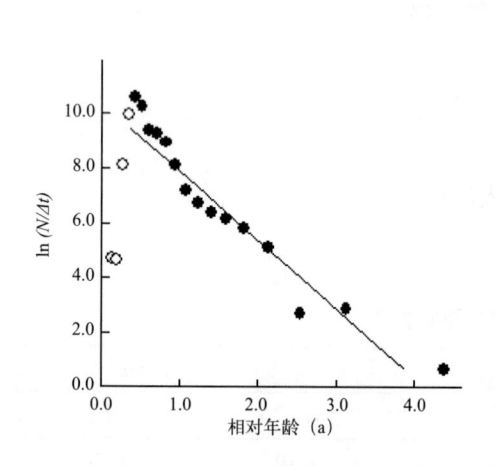

(1997-1998年珠江口调查)
图46-4 长度变换渔获曲线图

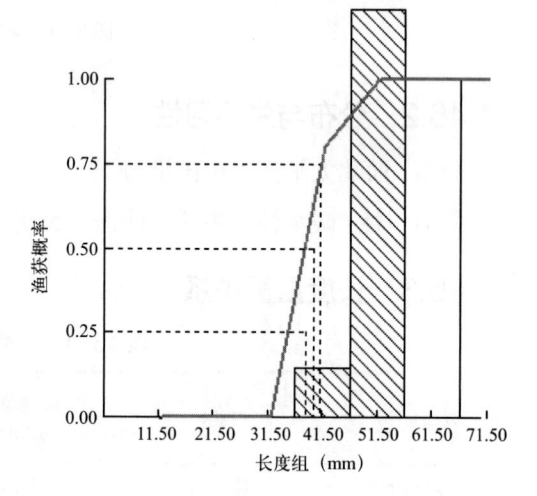

(SL_{25}=39mm，SL_{50}=40mm，SL_{75}=41mm，1997-1998年珠江口调查)
图46-5 渔获概率曲线图

46.6 单位补充量渔获量方程参数

表46-5 最大年龄 t_λ

实测法 (a)	Taylor 方法 (a)	Alverson 和 Carner 方法 (a)	自然死亡系数法 (a)	综合法 (a)
3.00	3.40	4.52	1.62	4.00

表46-6 单位补充量渔获量方程相关参数

M	t_r(a)	t_λ(a)	t_0(a)	W_∞(g)	K
1.60	0.052	4.00	−0.21	305	0.83

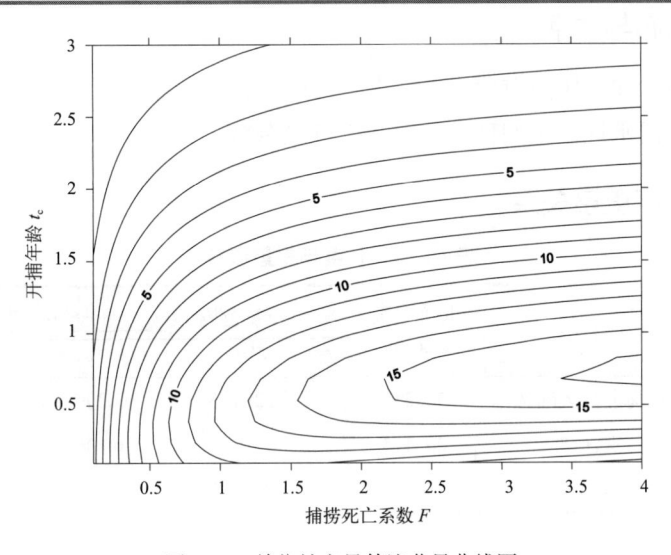

图46-6 单位补充量等渔获量曲线图

46.7 首次性成熟年龄与开捕年龄

表46-7 首次性成熟年龄 t_m

Froese 法 (a)	实测法 (a)	综合取值 (a)	综合取值对应长度 SL_m(mm)
1.13	1.00	1.00	131

表46-8 开捕年龄 t_c

个体性成熟法 (a)	拐点年龄法 (a)	等渔获量曲线法 (a)	综合法 (a)	开捕长度 SL_c(mm)
1.00	1.07	0.00~0.45	0.80	131

47　火枪乌贼 *Loligo beka* Sasaki, 1929

47.1　分类

分类：枪形目 TEUTHOIDEA

　　　枪乌贼科 Loliginidae

　　　枪乌贼属 *Loligo*

俗称：墨鱼仔，鱿鱼仔，鬼拱。

47.2　分布与生活习性

分布：西太平洋。中国沿海。

生活习性：暖水性。小型种类。生活于近岸海域。

47.3　长度重量关系

表47-1　长度与重量参数

调查年份	海域	长度范围 ML(mm)	重量范围 (g)	长度重量关系 $W=aL^b$	
				a	b
1982−1983	南海北部大陆架	56~212	22~145	3.290×10^{-2}	1.561
1997−1998	珠江口	20~115	/	6.106×10^{-4}	2.494
2005−2006	广东海域	38~116	4.0~53	1.815×10^{-3}	2.182

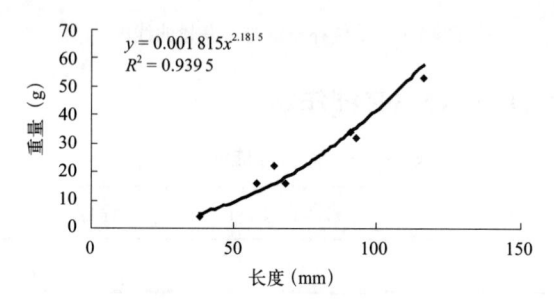

$y = 0.001\,815 x^{2.181\,5}$
$R^2 = 0.939\,5$

(2005−2006年广东海域调查)

图47-1　长度重量关系曲线图

47.4　生长方程

表47-2　生长方程参数

调查年份	海区	von Bertalanffy 生长方程参数（长度频率法）		
		ML_∞(mm)	K	t_0(a)
1997−1998	珠江口	135	0.25	−0.79

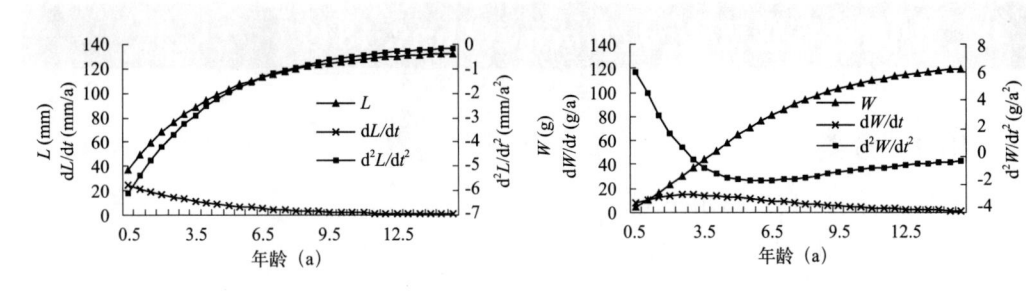

图47-2 长度生长速度和加速度曲线　　　　　图47-3 重量生长速度和加速度曲线

表47-3 重量生长拐点

调查年份	海区	拐点年龄 (a)	拐点重量 (g)	拐点对应长度 ML(mm)
1997–1998	珠江口	2.86	46	81

47.5 死亡与开发参数

表47-4 死亡与开发参数

调查年份	海区	M	Z	F	E	ML_{50}(mm)
1997–1998	珠江口	0.80	2.27	1.47	0.65	39

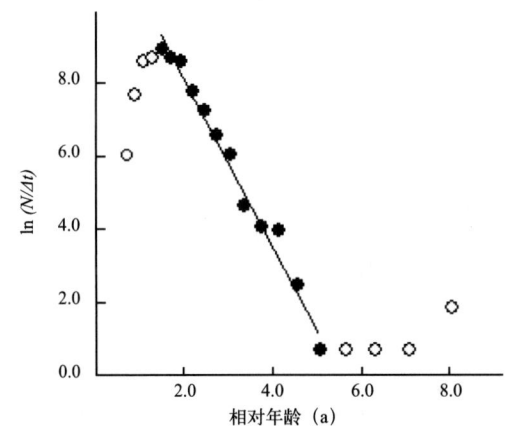

图47-4 长度变换渔获曲线图

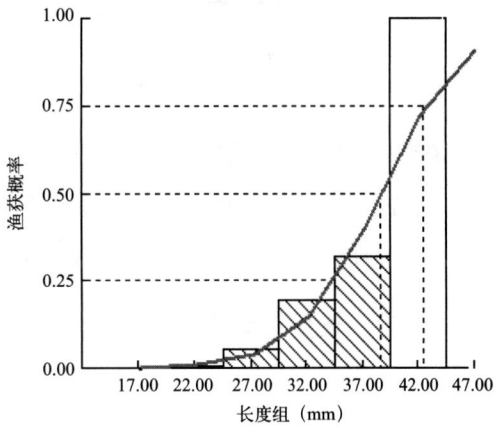

(ML_{25}=35mm，ML_{50}=39mm，ML_{75}=43mm)
图47-5 渔获概率曲线图

48 中国枪乌贼 *Loligo chinensis* Gray, 1849

48.1 分类

分类：枪形目 TEUTHOIDEA

　　　　枪乌贼科 Loliginidae

　　　　枪乌贼属 *Loligo*

英文名：Beka squid

俗称：鱿鱼，长筒鱿。

图48-1　中国枪乌贼

48.2 分布与生活习性

分布：西太平洋。中国东海、南海及台湾海峡。

生活习性：暖水性。栖息于浅海水深 15~170 m 海域。

48.3 长度重量关系

表 48-1　长度与重量参数

调查年份	海区	长度范围 ML(mm)	重量范围 (g)	长度重量关系 $W=aL^b$ a	b	备注
2005–2006	广东海域	262~450	231~978	2.031×10^{-3}	2.129	
1982–1983	南海北部大陆架	110~189（优势）	18~199（优势）	4.710×10^{-3}	1.980	
1997–1999	南海北部	2.0~460	/	1.309×10^{-3}	2.221	
1995 2006–2007	闽南—台湾浅滩	/	/	1.725×10^{-3}	2.275	张壮丽等，2008

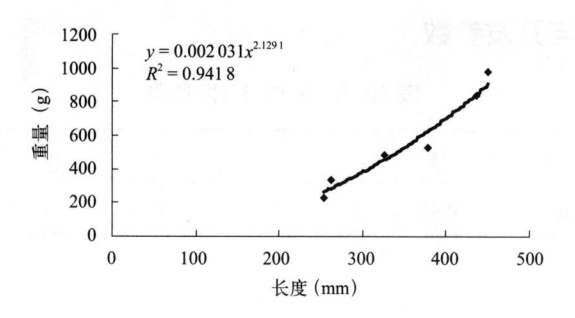

$y = 0.002\,031x^{2.1291}$
$R^2 = 0.9418$

(2005-2006年广东海域调查)

图48-2 长度重量关系曲线图

48.4 生长方程

表48-2 生长方程参数

调查年份	海区	von Bertalanffy 生长方程参数（长度频率法）		
		ML_∞(mm)	K	t_0(a)
1997-1999	南海北部	467	0.18	-0.80

图48-3 长度生长速度和加速度曲线

图48-4 重量生长速度和加速度曲线

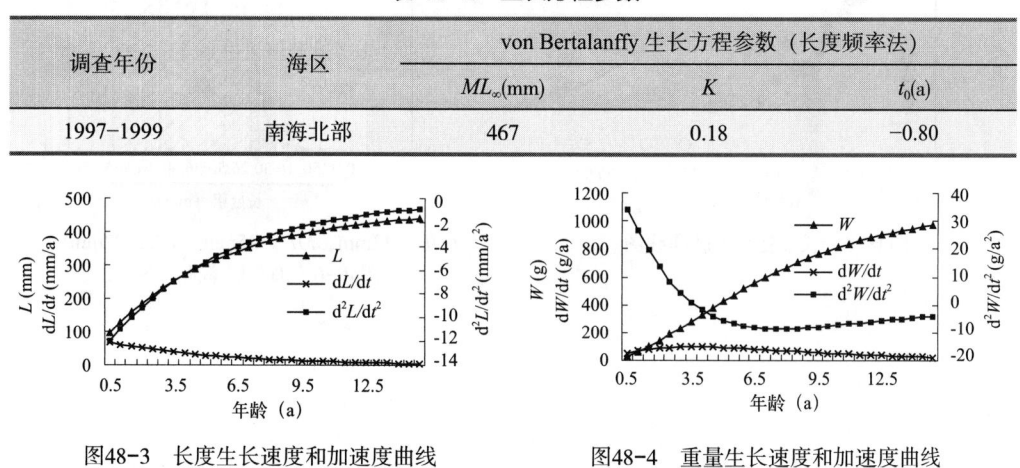

表48-3 重量生长拐点

调查年份	海区	拐点年龄 (a)	拐点重量 (g)	拐点对应长度 ML(mm)
1997-1999	南海北部	3.64	451	257

48.5 繁殖

表48-4 繁殖参数

调查年份	海区	产卵期（月份）	产卵盛期（月份）	个体繁殖力（万粒）
1982-1983	南海北部大陆架	4—9	7—9	1~2

48.6 死亡与开发参数

表 48-5 死亡与开发参数

调查年份	海区	M	Z	F	E	ML_{50}(mm)
1997–1999	南海北部	0.46	1.01	0.55	0.54	25

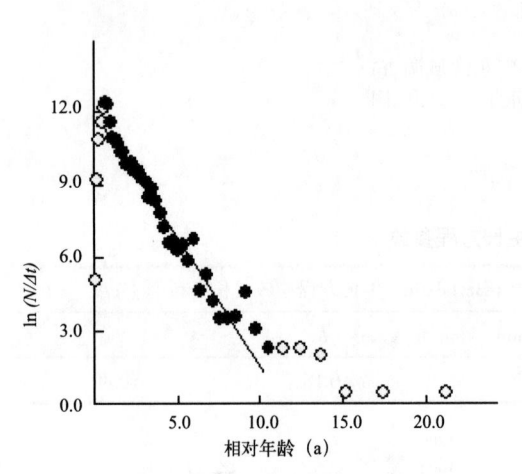

图48-5 长度变换渔获曲线图

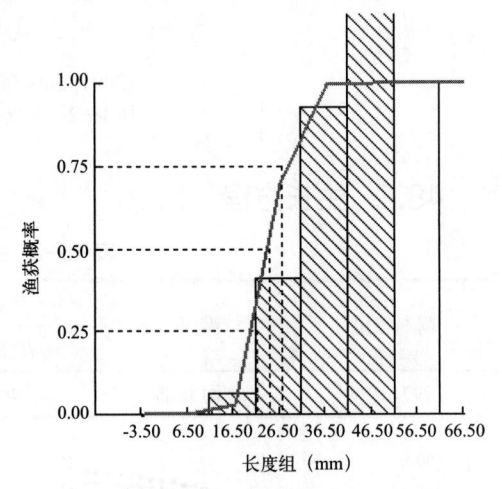

(ML_{25}=22mm,ML_{50}=25mm,ML_{75}=27mm)
图48-6 渔获概率曲线图

49　杜氏枪乌贼 *Loligo duvaucelii* d'Orbigny, 1835

49.1　分类

分类：枪形目 TEUTHOIDEA

　　　枪乌贼科 Loliginidae

　　　　枪乌贼属 *Loligo*

英文名：Indian squid

图49-1　杜氏枪乌贼

49.2　分布与生活习性

分布：印度 - 西太平洋。中国南海（诸岛）及台湾海峡。

生活习性：暖水性。浅海种类。

49.3　长度重量关系

表49-1　长度与重量参数

调查年份	海域	长度范围 ML(mm)	重量范围 (g)	长度重量关系 $W=aL^b$ a	b
1997–1998	珠江口	22~115	/	$4.227×10^{-4}$	2.513
1997–1999	南海北部	10~210	/	$7.727×10^{-4}$	2.340
2005–2006	广东海域	23~165	1.5~122	$1.900×10^{-3}$	2.156

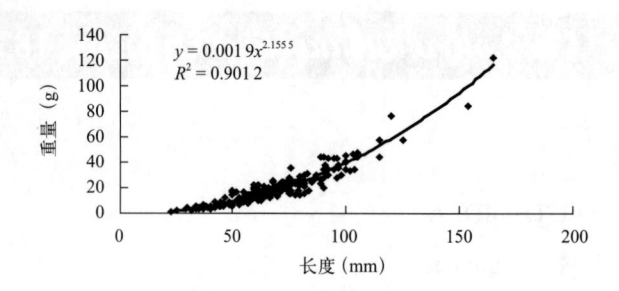

(2005-2006年广东海域调查)
图49-2 长度重量关系曲线图

49.4 生长方程

表49-2 生长方程参数

调查年份	海区	von Bertalanffy 生长方程参数（长度频率法）		
		ML_∞(mm)	K	t_0(a)
1997–1998	珠江口	125	0.65	−0.30
1997–1999	南海北部	220	0.40	−0.43
2005–2006	广东海域	173	0.62	−0.29

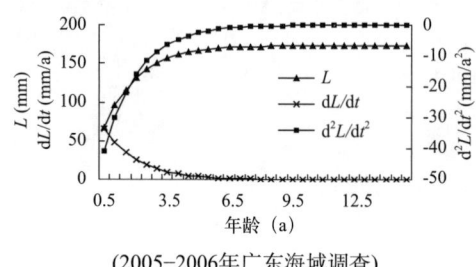

(2005-2006年广东海域调查)
图49-3 长度生长速度和加速度曲线

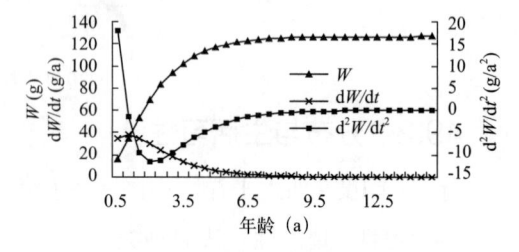

(2005-2006年广东海域调查)
图49-4 重量生长速度和加速度曲线

表49-3 重量生长拐点

调查年份	海区	拐点年龄(a)	拐点重量(g)	拐点对应长度 ML(mm)
2005–2006	广东海域	0.95	53	93
1997–1999	南海北部	1.70	91	126
1997–1998	珠江口	1.12	28	75

49.5 死亡与开发参数

表 49-4 死亡与开发参数

调查年份	海区	M	Z	F	E	ML_{50}(mm)
1997–1998	珠江口	1.53	2.06	0.53	0.26	39
1997–1999	南海北部	0.96	2.24	1.28	0.57	19
2005–2006	广东海域	1.36	3.78	2.42	0.64	55

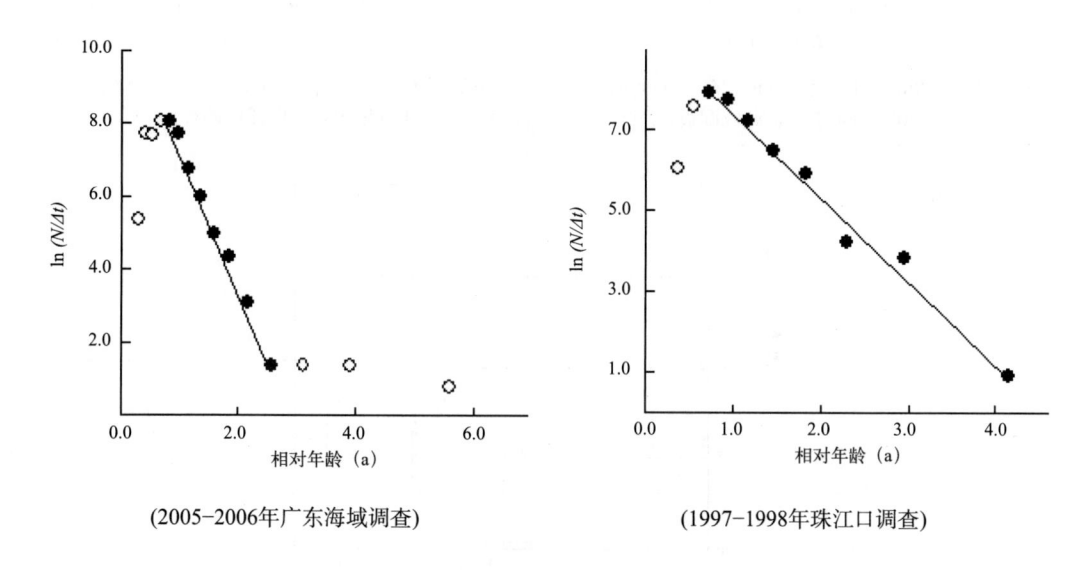

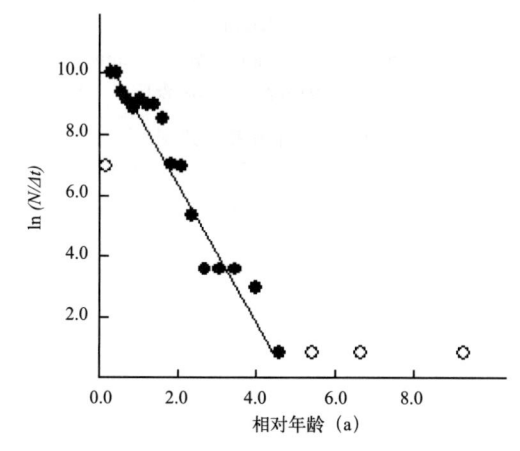

(2005–2006年广东海域调查)

(1997–1998年珠江口调查)

(1997–1999年南海北部调查)

图49-5 长度变换渔获曲线图

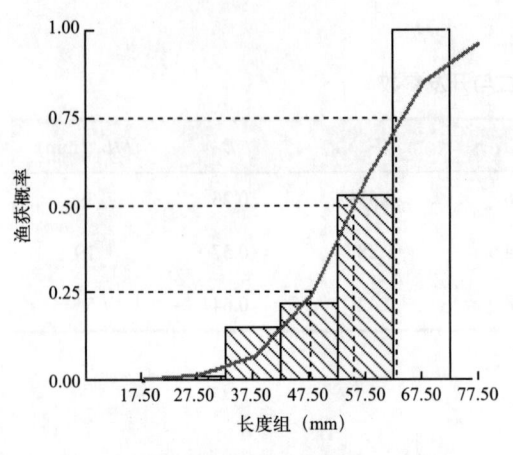

(ML_{25}=48mm, ML_{50}=55mm, ML_{75}=63mm, 2005–2006年广东海域调查)

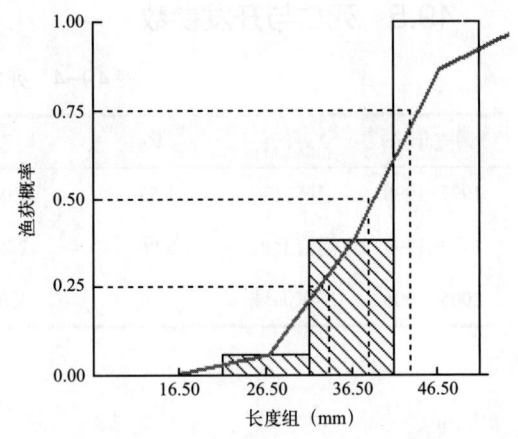

(ML_{25}=34mm, ML_{50}=39mm, ML_{75}=43mm, 1997–1998年珠江口调查)

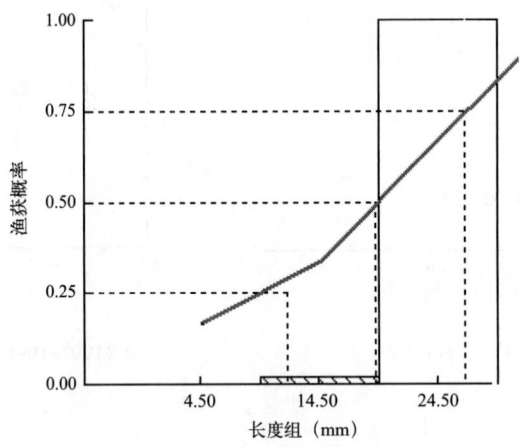

(ML_{25}=12mm, ML_{50}=19mm, ML_{75}=27mm, 1997–1999年南海北部调查)

图49-6 渔获概率曲线图

50 剑尖枪乌贼 *Loligo edulis* Hoyle, 1885

50.1 分类

分类：枪形目 TEUTHOIDEA

　　　　枪乌贼科 Loliginidae

　　　　枪乌贼属 *Loligo*

英文名：Swordtip squid

图50-1　剑尖枪乌贼

50.2 分布与生活习性

分布：西太平洋。中国黄海、东海和南海。

生活习性：暖水性。近海种类。栖息于水深 60~200 m 海域。

50.3 长度重量关系

表50-1　长度与重量参数

调查年份	海域	长度范围 ML(mm)	重量范围 (g)	长度重量关系 $W=aL^b$ a	b	备注
1997–1999	南海北部	20~252	/	7.408×10^{-4}	2.382	
2005–2006	广东海域	30~229	6.0~384	3.300×10^{-3}	2.044	
2010–2011	南海北部	/	/	/	1.890~2.330	李建柱等，2010；孙典荣等，2011

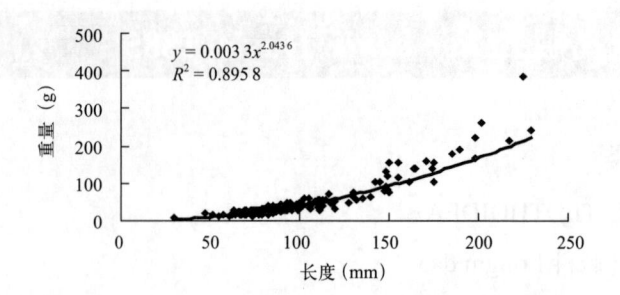

(2005–2006年广东海域调查)
图50-2　长度重量关系曲线图

50.4　生长方程

表50-2　生长方程参数

调查年份	海区	von Bertalanffy生长方程参数（长度频率法）		
		ML_∞(mm)	K	t_0(a)
1997–1999	南海北部	279	0.14	−1.90

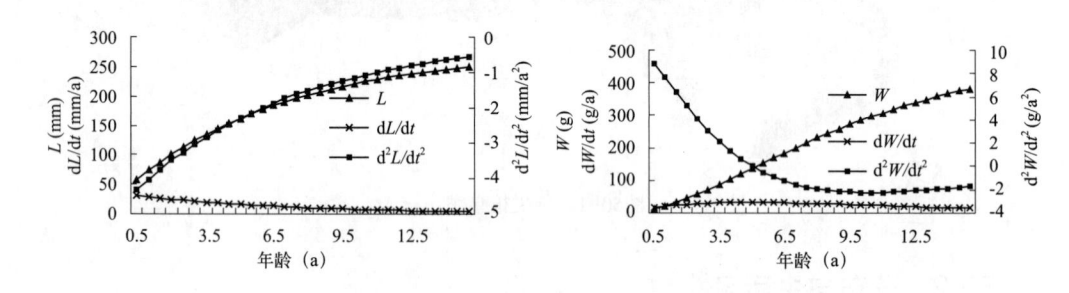

图50-3　长度生长速度和加速度曲线　　　　图50-4　重量生长速度和加速度曲线

表50-3　重量生长拐点

调查年份	海区	拐点年龄(a)	拐点重量(g)	拐点对应长度ML(mm)
1997–1999	南海北部	5.01	189	162

50.5　死亡与开发参数

表50-4　死亡与开发参数

调查年份	海区	M	Z	F	E	ML_{50}(mm)
1997–1999	南海北部	0.45	0.85	0.40	0.47	38

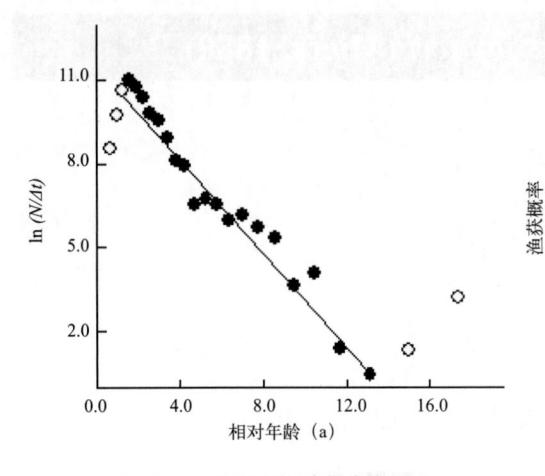

图50-5　长度变换渔获曲线图

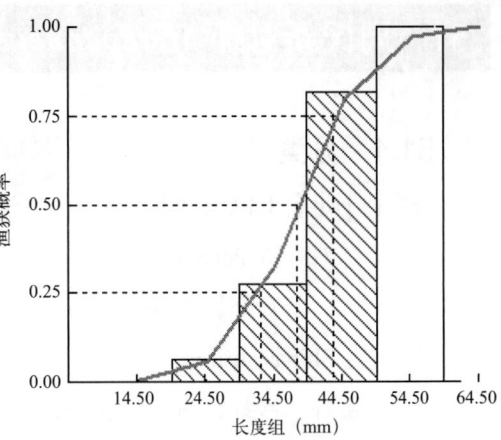

(ML_{25}=33mm, ML_{50}=38mm, ML_{75}=43mm)
图50-6　渔获概率曲线图

51　周氏新对虾 *Metapenaeus joyneri* (Miers, 1880)

51.1　分类

分类：十足目 DECAPODA

　　　对虾科 Penaeidae

　　　　新对虾属 *Metapenaeus*

英文名：Shibas shrimp

俗称：黄虾，沙虾，站虾，麻虾，黄新对虾，羊毛虾，河虾。

图51-1　周氏新对虾

51.2　分布与生活习性

分布：西太平洋。中国黄海、东海、南海及台湾海峡。

生活习性：暖水性。沿岸种类。

51.3　长度重量关系

表 51-1　长度与重量参数

调查年份	海区	长度范围 CL(mm)	重量范围 (g)	长度重量关系 $W=aL^b$	
				a	b
1997–1998	珠江口	9.0~33	/	1.037×10^{-2}	2.040

51.4　生长方程

表 51-2　生长方程参数

调查年份	海区	von Bertalanffy 生长方程参数（长度频率法）		
		CL_∞(mm)	K	t_0(a)
1997–1998	珠江口	48	0.51	−0.38

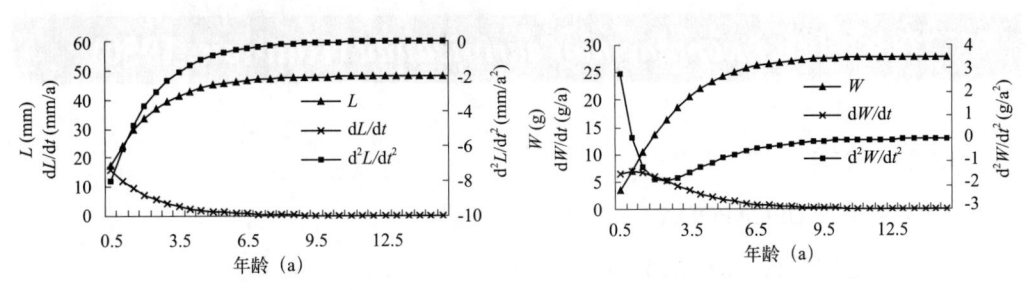

图51-2 长度生长速度和加速度曲线　　　　图51-3 重量生长速度和加速度曲线

表51-3 重量生长拐点

调查年份	海区	拐点年龄 (a)	拐点重量 (g)	拐点对应长度 CL(mm)
1997–1998	珠江口	1.02	12	24

51.5 死亡与开发参数

表51-4 死亡与开发参数

调查年份	海区	M	Z	F	E	CL_{50}(mm)
1997–1998	珠江口	1.27	4.05	2.78	0.69	16

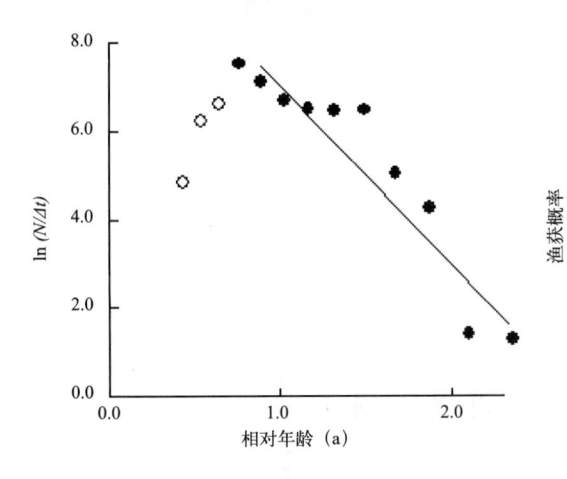

图51-4 长度变换渔获曲线图

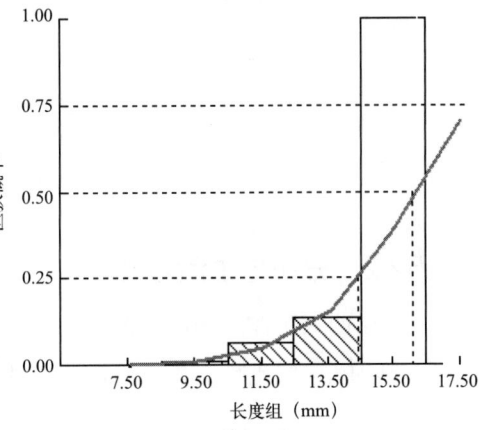

(CL_{25}=14mm, CL_{50}=16mm, CL_{75}=18mm)
图51-5 渔获概率曲线图

52 脊尾白虾 *Exopalaemon carinicauda* (Holthuis, 1950)

52.1 分类

分类：十足目 DECAPODA

　　　长臂虾科 Palaemonidae

　　　　白虾属 *Exopalaemon*

英文名：Ridgetail white prawn

俗称：白虾。

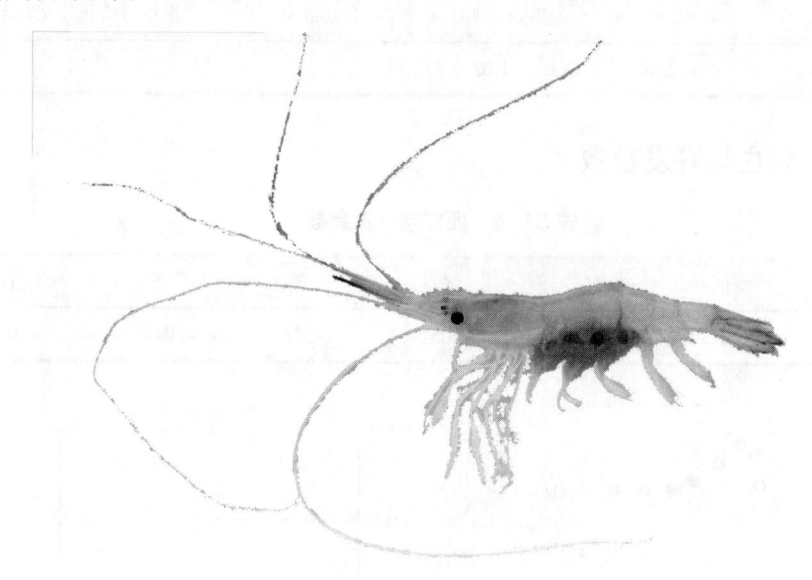

图52-1 脊尾白虾

52.2 分布与生活习性

分布：西太平洋。中国沿海。

生活习性：暖水性。生活于沿岸咸淡水、河口等低盐水域。

52.3 长度重量关系

表 52-1 长度与重量参数

调查年份	海域	长度范围 (mm)	重量范围 (g)	长度重量关系 $W=aL^b$ a	b
1987	珠江口	*SL*: 22~87	/	1.153×10^{-4}	2.517
2005–2006	广东海域	*CL*: 10~13	0.5~1.1	4.092×10^{-2}	1.121

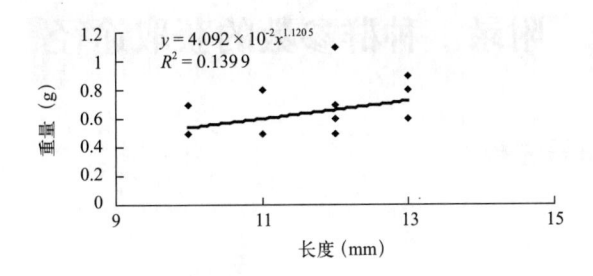

(2005-2006年广东海域调查)
图52-2 长度重量关系曲线图

52.4 生长方程

表52-2 生长方程参数

调查年份	海区	von Bertalanffy 生长方程参数（长度频率法）		
		SL_∞(mm)	K	t_0(a)
1987	珠江口	116	0.86	−0.24

图52-3 长度生长速度和加速度曲线　　　　图52-4 重量生长速度和加速度曲线

表52-3 重量生长拐点

调查年份	海区	拐点年龄(a)	拐点重量(g)	拐点对应长度 SL(mm)
1987	珠江口	0.83	6.5	70

52.5 繁殖

表52-4 繁殖参数

产卵期(月份)	备注
2—5, 8—9	综合历年调查

附录　种群参数的获取途径

1　名词和符号注释

FL：叉长。

S：体长。

TL：全长。

AL：肛长。

CL：头胸甲长。

ML：胴长。

Z：总死亡系数。

M：自然死亡系数。

F：捕捞死亡系数。

E：开发率。

L_{50}：渔获概率为50%的平均选择长度。

2　生长方程参数

（1）von Bertalanffy 生长方程：

$$L_t = L_\infty \left[1 - e^{-K(t-t_0)}\right]$$

L_t：t 龄个体的长度；

L_∞：渐近长度；

K：生长参数，表示生长曲线的平均曲率，即个体平均生长速率；

t_0：理论生长起点年龄。

L_∞、K 和 t_0 的估算方法：

① 长度频率法：将长度频率数据输入 FISAT Ⅱ (1.2.2) 软件，采用 ELLFAN Ⅱ 技术求取 L_∞ 与 K，以比率 s=ESP/ASP(峰的解释和/峰的可达和(何宝全等，1988；费鸿年等1990；FAO，1989)作为拟合优度的估计值，其分布区间为 [0, 1]，选取 s 最优值(相应的参数在生物学上能被接受且 s 值尽量大) 对应的 L_∞ 与 K 作为生长参数的估计值。

t_0 用经验公式估算：

$$\ln(-t_0) = -0.392\,2 - 0.275\,2\ln L_\infty - 1.308\ln K \quad \text{(Pauly,1980)}$$

式中，L_∞ 采用全长，可抽取部分样品进行体长全长测量，拟合体长全长关系式，再根据最大体长换算最大全长。

② 年龄鉴定法：即采用高一龄长度对低一龄长度的线性回归法估算：

$$L_{t+1} = L_\infty\left(1-\mathrm{e}^{-K}\right) + \mathrm{e}^{-K}L_t$$

理论生长起点年龄 t_0 取各龄理论生长年龄 t_{0t} 的均值：

$$t_0 = \sum_{t=1}^{n} t_{0t} \Big/ n$$

式中：n 为年龄组数，t_{0t} 为 1~n 龄内各龄的理论生长年龄，估算公式：

$$t_{0t} = \ln\left((L_\infty - L_t)/L_\infty\right)/K + t$$

(2) 生长曲线与生长拐点

根据生长方程拟合生长曲线，根据生长曲线确定生长拐点。

3　性成熟最小长度

达到性成熟的个体的最小长度，不同年代，其性成熟最小长度也不一定相同。

4　死亡系数和开发率 E

M：根据生长参数及栖息环境平均水温估算：

$$\lg M = -0.006\,6 - 0.279\lg L_\infty + 0.654\,3\lg K + 0.463\,4\lg T \quad \text{(Pauly,1980)}$$

式中：

T：平均水温（℃），根据历史资料取值范围为 22~25℃；

L_∞：渐近全长 (mm)，可根据历史资料及同种的各种长度关系换算得到；

K：von-Bertalanffy 生长方程生长参数 (a^{-1})；

Z：根据长度变换曲线估算；

$F = Z - M$；

$E = F/Z$。

5　种群动态评估模型参数

Beverton-Holt 模型公式：

$$\frac{Y}{R} = FW_\infty e^{-M(t_c - t_r)} \sum_{n=0}^{3} \frac{Q_n e^{-nK(t_c - t_0)}}{F + M + nK} \left[1 - e^{-(F+M+nK)(t_\lambda - t_c)}\right]$$

($n=0$，$Q_0=1$；$n=1$，$Q_1=-3$；$n=2$，$Q_2=3$；$n=3$，$Q_3=-1$)

式中：

Y/R：单位补充量渔获量；

W_∞：渐近体重；

t_0：理论生长起点年龄；

K：生长参数；

M：自然死亡系数；

F：捕捞死亡系数；

t_r：补充年龄；

t_λ：群体最大年龄。

相关参数的估算：

W_∞：将 L_∞ 代入长度重量方程求解；

t_0 和 K：采用 ELEFAN 技术或年龄鉴定方法得到；

M：根据 Pauly(1980) 公式估算（见上）；

t_r：将渔获中开始出现的最小长度作为补充长度 L_r，代入 von-Bertalanffy 生长方程求解。

t_λ 的估算方法：

(1) 实测法：以捕获个体的最大年龄代替群体的最大年龄，而捕获个体的最大年龄根据捕获个体的最大长度通过生长方程逆算得到（费鸿年等，1984）。

(2) Taylor 方法：认为寿命相当于体长生长至渐近体长的 95% 时所需要的时间，估算公式：

$$t_\lambda = t_0 + 2.996/K$$

(3) Alverson 和 Carner 方法：

$$t_\lambda = 4 \times \ln((M + 3K)/M)/K$$

(4) 自然死亡系数法：

$$M = -0.0021 + 2.5912/t_\lambda \quad （詹秉义等，1986）$$

(5) 综合法：考虑到通过采样并不一定能获得群体的最大年龄，同时年龄越大的个体生长速度越慢，因而群体最大年龄一般综合以上 4 种方法在合理范围内取值。

根据 B-H 模型单位补充量渔获量等值线图，可在捕捞死亡系数确定的前提下，根据最适产量区确定开捕年龄的大致范围。

6　开捕规格

（1）个体性成熟法：从繁殖补充角度考虑，保护亲体有利于种群繁殖与增长，因而应在个体达到性成熟之后再进行捕捞，即可以将首次性成熟年龄作为最小开捕年龄。

首次性成熟年龄 t_m 的估算方法：

① 推算法：

$$\lg t_m = (\lg t_\lambda - 0.549\,6) / 0.957 \qquad (\text{Froese}，2000)$$

② 实测法：把实际观察到的首次性成熟（性腺成熟度为大于等于Ⅳ期）长度代入到生长方程得到首次性成熟年龄。

③ 实际取值法：考虑到群体首次性成熟年龄可能比实际观到的小，综合上述几种方法进行取值。

（2）拐点年龄法：从生长补充角度考虑，应在个体生长最快速即在生长拐点的年龄之后捕捞，以拐点年龄作为最小开捕年龄。

（3）等渔获量曲线法：根据 B-H 模型单位补充量渔获量等值线图，按照当前的捕捞死亡系数，在最适产量区之内可得到开捕年龄的大致范围。

（4）综合法：根据 B-H 模型单位补充量渔获量等值线图，在最适产量区内，开捕年龄较小时也能达到开捕年龄等于拐点年龄时的渔获量，而且在该区域内取值一般也不会对资源量造成太大影响。综合考虑最适捕捞死亡系数（捕捞强度）以及繁殖补充和生长补充，在不破坏资源的前提下充分利用资源（获取最大渔获量），开捕年龄在最适产量区取值，得到各种鱼类的开捕年龄，再根据生长方程逆算得到开捕长度。

主要参考文献

陈国宝, 李永振, 陈丕茂. 2002. 南海北部陆架区海域深水金线鱼的产卵场. 湛江海洋大学学报, 22(6): 20~25.

陈国宝, 梁沛文. 2016. 南海海洋鱼类原色图谱(一). 北京: 科学出版社. 1~373.

陈作志, 邱永松. 2003. 北部湾二长棘鲷生长和死亡参数估计. 水产学报, 27(3): 251~257.

陈作志, 邱永松, 黄梓荣. 2005. 南海北部白姑鱼生长和死亡参数的估算. 应用生态学报, 16(4): 712~716.

邓景耀, 赵传䋖. 1991. 海洋渔业生物学. 北京: 农业出版社. 1~686.

杜建国, 卢振彬, 陈明茹. 2008. 台湾海峡南部二长棘鲷种群生态学参数的变化台湾海峡. 27(2): 190~195.

杜建国, 卢振彬, 陈明茹, 等. 2009. 台湾海峡南部花斑蛇鲻生态学参数及其种群动态. 2009年中国水产学会学术年会论文摘要集. 211.

杜建国, 卢振彬, 陈明茹, 等. 2010. 台湾海峡中北部海域刺鲳种群生态学参数其变动趋势. 台湾海峡, 29(2): 234~240.

费鸿年, 何保全. 1984. 广东大陆架鱼类生态学参数和生活史类型. 水产科技文集, 第二集, 6~16.

费鸿年, 张诗全. 1990. 水产资源学. 北京: 中国科学技术出版社. 266~269.

何宝全, 李辉权. 1988. 珠江河口棘头梅童鱼的资源评估. 水产学报. 12(2): 125~134.

何宝全, 李辉权. 2004. 珠江口伶仃洋鱼虾类资源特征. 珠江口水域水生生态研究文集. 北京: 科学出版社. 91~109.

侯刚, 朱立新, 卢伙胜. 2008. 北部湾二长棘鲷生长、死亡及其群体组成. 广东海洋大学学报, 28(3): 50~55.

黄宗国, 林茂. 2012. 中国海洋生物图集, 上卷(上册): 中国海洋生物多样性. 北京: 海洋出版社. 627.

黄宗国, 林茂. 2012. 中国海洋生物图集, 上卷(下册): 中国海洋生物多样性. 北京: 海洋出版社. 780~790, 930~1060.

黄宗国, 林茂. 2012. 中国海洋生物图集, 下卷(第四册): 中国海洋生物图集. 北京: 海洋出版社. 282~319.

黄宗国, 林茂. 2012. 中国海洋生物图集, 下卷(第六册): 中国海洋生物图集. 北京: 海洋出版社. 13, 35.

黄宗国, 林茂. 2012. 中国海洋生物图集, 下卷(第八册): 中国海洋生物图集. 北京: 海洋出版社. 1~275.

李辉权. 1990. 珠江河口多鱼种渔业最适网目尺寸的估计. 水产科学, (3): 4~7.

李建柱, 陈丕茂, 贾晓平, 等. 2010. 中国南海北部剑尖枪乌贼资源现状及其合理利用对策. 中国水产科学. 17(6): 1308~1318.

李永振, 贾晓平, 陈国宝, 等. 2007. 南海珊瑚礁鱼类资源. 北京: 海洋出版社. 134~143.

李忠炉, 卢伙胜, 甘喜萍, 等. 2009. 北部湾口海域深水金线鱼生长和死亡研究. 水产科学, 28(10): 556~562.

刘金殿, 卢伙胜, 朱立新, 等. 2009. 北部湾多齿蛇鲻雌雄群体组成、生长、死亡特征的差异. 海洋渔业, 31(3): 243~253.

卢振彬, 杜建国. 2008. 台湾海峡南部金线鱼的生长与死亡特性. 热带海洋学报, 27(5): 73~77.

卢振彬, 杜建国. 2008. 台湾海峡南部条尾绯鲤生态学参数的变化特征。水产学报, 32(3): 362~368.

舒黎明, 陈国宝, 李永振. 2005. 南沙群岛珊瑚礁区7种鲈总科鱼类鳞片年轮特征。南方水产, 1(1): 21~26.

舒黎明, 邱永松. 2005. 珠江河口及其附近水域银鲳生长与死亡参数估计. 水产学报, 29(2): 193~197.

宋海棠, 丁天明, 徐开达. 2008. 东海剑尖枪乌贼的数量分布和生长特性研究. 浙江海洋学院学报(自然科学版), 27(2): 115~118.

孙典荣, 李渊, 王雪辉, 等. 2011. 北部湾剑尖枪乌贼生物学特征及资源状况变化的初步研究. 南方水产科学, 7(2): 8~13.

孙典荣, 邱永松. 2003. 北部湾短尾大眼鲷生长和死亡参数的估算. 福建水产, (3): 7~12.

孙典荣, 邱永松. 2004. 北部湾长尾大眼鲷生长和死亡参数估计. 海洋湖沼通报, (3): 37~34.

王雪辉, 杜飞雁, 邱永松. 2006. 南海北部主要经济鱼类体长与体重关系. 台湾海峡, 25(2): 262~266.

王雪辉, 邱永松, 杜飞雁. 2004. 珠江口水域鳓鱼生长和死亡参数估算. 热带海洋学报, 23(4): 42~47.

伍汉霖, 邵广昭, 赖春福. 1999. 拉汉世界鱼类名典. 台湾: 水产出版社. 1~1028.

叶孙忠. 2004. 闽南、台湾浅滩渔场二长棘鲷的生长特性. 水产学报, 28(6). 663~668.

殷名称. 1993. 鱼类生态学. 北京: 中国农业出版社. 11~33.

曾炳光, 张进上, 陈冠贤, 等. 1989. 南海区渔业资源调查和区划. 广州: 广东科技出版社. 110~138.

詹秉义. 1995. 渔业资源评估. 北京: 中国农业出版社. 18~58.

詹秉义, 楼冬春, 钟俊生. 1986. 绿鳍马面鲀资源评析与合理利用. 水产学报, 10(4): 34~42.

张邦杰, 梁仁杰, 毛大宁, 等. 1998. 黄鳍鲷的池养生长特性及其饲养技术. 上海水产大学学报, 7(2): 107~114.

张壮丽. 1997. 闽南 – 台湾浅滩渔场大头狗母鱼的渔业生物学. 台湾海峡, 16(2): 212~216.

张壮丽, 叶孙忠, 洪明进, 等. 2008. 闽南 – 台湾浅滩渔场中国枪乌贼生物学特性研究. 福建水产, 1: 1~5.

张壮丽, 叶孙忠, 叶泉土. 1998. 台湾浅滩邻近海域南海带鱼渔业生物学研究. 福建水产, (3): 13~19.

Chung KC, Woo NYS. 1999. Age and growth by scale analysis of *Pomacanthus imperator* (Teleostei:Pomacanthidae) from Dongsha Islands, Southern China. Environmental Biology of Fishes, 55(4): 399~412.

Froese R and Binohlan C. 2000. EmpircaL relationships to estimate asymptotic length, length at first maturity and length at maximum yield per recruit in fishes

Gulland JA. 1971. The fish resource of the ocean. FAOFishTech Pap, (97): 425.

Hotos GN. 2004. A study on the scales and age estimation of the grey golden mullet, *Liza aurata* (Risso, 1810), in the lagoon of Messolonghi (W. Greece). Zeitschrift fur Angewandte Ichthyologie, 19(4): 220~228.

Pauly D. 1980. On the interrelationships between natural moratlity, growth parameter sandmean environmental temperature in 175 fish stocks. J Cons CIEM, 39(2): 175~192.

Zhang TL, Li ZJ. 2002. Age, growth, and reproduction of the bitterling (*Paracheilognathus imberbis*) in a shallow Chinese Lake. Journal of Freshwater Ecology, 17(4): 501~505.